地震灾害启示录

安徽省地震局　编

地震出版社

图书在版编目（CIP）数据

地震灾害启示录/安徽省地震局编. —北京：地震出版社，2015.12
ISBN 978-7-5028-4701-2

I.①地…　Ⅱ.①安…　Ⅲ.①防震减灾—普及读物　Ⅳ.①P315.9-49

中国版本图书馆CIP数据核字（2015）第288406号

地震版　XM3658

地震灾害启示录

安徽省地震局　编
责任编辑：刘　丽
责任校对：孔景宽

出版发行　**地震出版社**
　　　　　北京市海淀区民族大学南路9号　　　邮编：100081
　　　　　发行部：68423031　68467993　　　传真：88421706
　　　　　门市部：68467991　　　　　　　　传真：68467991
　　　　　总编室：68462709　68423029　　　传真：68455221
　　　　　http://www.dzpress.com.cn
经销：全国各地新华书店
印刷：北京地大天成印务有限公司

版（印）次：2015年12月第一版　2015年12月第一次印刷
开本：710×1000　1/16
字数：149千字
印张：9.5　插页：4
印数：0001～1500
书号：ISBN 978-7-5028-4701-2/P（5397）
定价：32.00元

编委会

◀ 周恩来总理视察邢台地震灾情
（引自《中国地震年鉴1949—
1981》）

▲ 海城地震中的盘锦大桥

▲ 唐山地震中损坏的房屋

◀ 海城地震
裂缝

◀ 唐山地震
抢险现场

▲ 唐山地震后临时居住的简易房

▲ 救援人员用铁棍撬开石块

▲ 救援官兵扛着铁锹奔往灾区

▲ 靠人力拖拉实施救援

▲ 坚固的救援气垫：力撑数十吨重物

▲ 直升机运输救灾物资

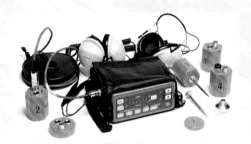

▲ 生命探测仪

▲ 液压钳：张口咬断钢筋

▲ 丽江地震中倒塌的房屋

▲ 地震中受损的房屋

向西偏北位移达20~238厘米

向东偏南位移达20~70厘米

东侧块体下沉达30~70厘米

北川

汶川

映秀

成都

▲ 汶川地震造成的错动

▼ 芦山7.0级地震

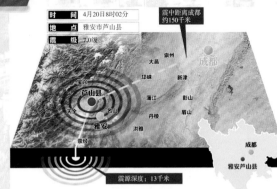

时 间	4月20日8时02分
地 点	雅安市芦山县
震 级	7.0级

震中距离成都约150千米

震源深度：13千米

成都

崇州

大邑

邛崃

新津

蒲江

彭山

丹棱

眉山

芦山县

宝兴

天全

名山

雅安

洪雅

荥经

成都

雅安芦山县

▼ 玉溪河金鸡峡在震后形成堰塞湖

▲ 震区灵关镇到宝兴县的道路上随处可见飞石泥沙滑落

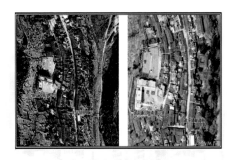
▲ 芦山县太平镇灾前灾后影响对比图

▲ 各支救援部队紧急赶往震区

▲ 成都军区空军出动运-8飞机运送专业救援队赶赴灾区

▲ 震中区鲁甸县龙头山镇房屋倒塌严重

▶ 震后形成的堰塞湖

▲ 重建后的汶川新县城

▲ 震后北川县城

▲ 各军区的官兵集结灾区，
展开救援

▲ 某小学师生自发向灾区捐款

▲ 唐家山堰塞湖

▲ 国际救援队正在施救

▲ 海啸袭来

▲ 对爆炸燃烧的福岛核电站进行灭火抢救

▲ 福岛核电站爆炸燃烧

▲ 中国国际救援队整装待发奔赴日本

▼ 中国国际救援队在日本重灾区开展救援工作

◀ 印度尼西亚海啸袭击后的场景

▲ 被称为"海岸卫士"的红树林

▲ 汶川县映秀镇震后全景

▲ 海啸产生示意图

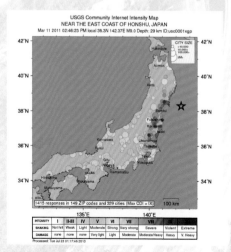

▲ 日本"3·11"大地震震中及周边地区示意图

▲ 苏门答腊－安达曼地震波及范围

序

    地震又称地动、地振动，是地壳快速释放能量过程中造成振动，期间会产生地震波的一种自然现象，是地壳运动的一宏观表现形式。很多强烈的地震以其巨大无比的能量瞬间摧毁人类经过艰辛努力才创造的文明成果，使人类社会发展遭受重大灾难，可以说，地震是当今人类社会面临的自然巨灾。因此，全方位地减轻和防御地震灾害所带来的损失成为人类社会亟需破解的难题。

    我国是世界上蒙受地震灾害最为沉重的国家之一，地震活动性具有频度高、强度大、分布广、震源浅的特点。仅21世纪头十五年，我国就发生7级以上大震10次，5级以上地震552次，覆盖了2/3以上的国土面积，其中以2008年5月12日四川汶川8.0级、2010年4月14日青海玉树7.1级、2013年4月20日四川芦山7.0级和2014年8月3日云南鲁甸6.5级地震造成的损失最为严重，令人触目惊心。多震灾的基本国情是我国经济社会发展主要制约因素之一，也迫使我们在制定和实现国家发展、民族振兴战略的过程中更加关注地震安全，防震减灾。确保国家发展战略"两个一百年"目标的顺利实现。

    在同地震灾害的斗争过程中，中华民族付出了艰辛的探索，为人类文明进步做出了不可磨灭的贡献。本书以新中国成立后影响和推动我国防震减灾事业发展的河北邢台、辽宁海城、河北唐山、云南丽江、四川汶川和芦山、云南鲁甸等重大灾害性地震事件应对为切入点，纵贯我国的地震科技发展史，以全球和整个人类社会发展为视角，科学解读了重大地震灾害事件对人类认识和改进自然的巨大促进作用，积极倡导认识自然、改造自然和顺从自然，从而实现人与自然和谐相处的新理念。书中全面、科学地介绍了我国防震减灾监测预报、震害防御、应急救援和科技创新"3+1"工作体系的艰苦探索历程，是一本值得各级政府及有关部门、大中专院校学生及广大社会公众一读的科普读物。该书样稿已经得到安徽省应急管理部门的高度重视和认可，相信它的正式出版和发行，会给更多的读者带来有益的启示，对于社会公众全面提升居安思危的防震减灾意识将有所帮助。

安徽省地震局局长   （签名）

2015年6月

前　言

　　自古以来，地震灾害严重威胁着人类文明的进步和发展，居于水、旱、风、虫、雹、瘟疫等七大自然灾害之首，1835年南美洲智利滨海城市康塞普西翁地震发生后，英国著名科学家达尔文感伤道："人类用无数时间和劳动所创建的成绩，只在一分钟内就给毁灭了。"

　　我国是一个多地震的国家，地处亚欧板块的东南部，受环太平洋地震带和喜马拉雅—地中海地震带的影响，地震活动具有频度高、强度大、分布广的特点。据统计，20世纪陆地7级以上的大地震约有三分之一发生在我国，平均每年发生20多次5级以上地震、6次6级地震、1次7级以上大地震，全国所有省份、自治区都发生过5级以上地震。进入21世纪以来，我国先后发生了四川汶川8.0级、青海玉树7.1级、四川芦山7.0级和云南鲁甸6.5级等强烈地震，均造成了巨额经济损失和人员伤亡，特别是汶川地震造成8万多人死亡和失踪，直接经济损失高达8000多亿元。

　　"一个善于从自然灾害中总结和吸取经验教训的民族，必定是日益坚强和不可战胜的。"中国在一次次惊心动魄、气壮山河的抗震救灾过程中，形成了绵延不绝的抗震救灾斗争精神。它既饱经历史沧桑，又有鲜明的时代特征，是中华文明的重要组成部分。

　　中国古代对地震活动和地震灾害的记载，大约可追溯到公元前1831年，在大量的典籍中保存有极其丰富的地震史料，这是世界上其他国家少有的。公元132年东汉伟大的科学家张衡发明了候风地动仪，比欧洲发明地震仪早了1700多年。此外，我们的祖先还对地震成因和发生规律进行过探讨和思索。这些都是中国古代文明宝库的一部分，对现代地震科学的发展有着重要的参考意义和作用。

近代以来，半殖民地半封建社会的统治扼杀了中国自然科学的发展。而某些外国传教士在中国土地上建立的地震观测台，又客观上启蒙了中国的近代地震观测。经过几位老一辈地震科学家的艰辛创业，于1930年9月建立了北京西山鹫峰地震台，并参与了当时地震资料的国际交换，标志着中国人有了自己的地震事业。不久抗日战争爆发，该台毁于战火。此后，还几经努力建立过一些地震台，但迭经变故，运行时间不长。可以说，解放前的地震工作处于非常薄弱的状态。

新中国成立以后，百废待兴，华夏大地充满了无限生机。地震事业也获得了新生。建国初期，国家大规模的经济建设向地震工作提出了地震烈度鉴定的要求，有力推动了地震事业的发展，特别是1966年河北邢台地震后，中国大陆陆续发生强烈地震，给人民的生命财产和国家建设造成了严重的损失。在党和政府的关怀下，为了减轻地震灾害，地震工作扩展到地震预报实践，中国的地震事业获得了蓬勃发展。辽宁海城地震预报的成功和唐山地震临震预报的失败，既展示了地震预报的可能与希望，也意味着地震预报的复杂和艰难。改革开放后，中国地震活动进入一个相对平静期。这段时期，地震工作者系统地回顾和总结了防震减灾工作，出版了《当代中国的地震事业》一书，重新认识和调整了工作部署，为开创防震减灾新局面创造了良好的条件。进入21世纪后，我国建立健全了防震减灾监测预报、震害防御、应急救援和科技创新"3+1"工作体系，防震减灾法律法规日趋完善，为有效减轻地震灾害损失，建立一个由政府为主导、全社会共同参与的防震减灾综合防御体系已取得全社会的共识。本书旨在通过不同时期的且造成巨大人员伤亡和重大财产损失的典型地震，从地震基本概况、应急与处置、经验及影响等方面，回顾和介绍每次强烈地震给我国防震减灾事业发展带来的经验、启示和巨大的推进作用，还通过解读一些（如2004年12月印度尼西亚苏门答腊岛8.9级和东日本9级大地震）具有全球影响的巨大地震，努力解释人类在抵御自然灾害的斗争中，对自然的感悟与顺从，及在不断认识自然、改造自然、顺应自然的过程中为推动人类文明进步所做出的艰辛探索。帮助读者了解我国防震减灾事业的发展过程及中华儿女为推动人类文明进步所做的努力和贡献。

限于编者的水平，认识仍很肤浅，疏漏之处在所难免，欢迎广大读者批评指正。

编　者

2015年6月

目　录

第一章 邢台地震——催生我国防震减灾 事业艰难起步

第一节 邢台地震基本概况

一、地震事件

邢台地震由两个大地震组成：1966年3月8日5时29分14秒，河北省邢台地区隆尧县（北纬37°21′，东经114°55′）发生6.8级大地震，震中烈度Ⅸ度；1966年3月22日16时19分36秒，河北省邢台专区宁晋县（北纬37°30′，东经115°05′）发生7.2级大地震，震中烈度Ⅹ度。这次大震发生在久旱之后，是新中国成立后发生在我国人口稠密地区、造成严重破坏和人员伤亡的一次地震，共有8064人丧生、38000余人受伤，受灾面积达23000平方千米，在国内外引起巨大反响。

春寒料峭，漫天飘雪，周恩来总理三赴震区。百姓的苦难使他落泪，他向中国地震工作者提出要搞地震预报，并号召科学工作者行动起来，到现场去，到实践中去。周总理希望科学工作队伍研究出地震发生的规律和国外也从未解决的地震预报问题，并着重强调，难道我们不可以提前解决吗？

根据周总理的指示，中国科技工作

周恩来总理视察邢台地震灾情
（引自《中国地震年鉴1949—1981》）

者以战天斗地的大无畏革命英雄主义精神，在春潮涌动的华夏大地展开了轰轰烈烈的地震预测预报理论研究与实践活动。从我国地震史来看，邢台地震堪称中国地震监测预报事业一个划时代的里程碑，催生了我国防震减灾事业在一穷二白的基础上艰难起步。

二、发震构造及灾害特征

邢台地震震区处于滹陀河冲积扇的西南缘，太行山山前洪积－冲积倾斜平原的前缘，古宁晋泊湖积－冲积洼地及冲积平原之间。滏阳河自西南向东北流经震区中部。在构造上属于邢台地堑区，它东邻沧县隆起，北接翼中坳陷，西界太行隆起，南邻内黄隆起。这次地震活动严格限制在邢台地堑内部。

邢台地堑的总体构造方向为北北东向，内部发育一系列较大的北北东—北东向断裂带，局部尚发育有北西—北西西向断裂。根据物探资料，地堑的凸起和凹陷之间有两条隐伏断裂：一条在南部，方向由西端的北西西向转为东端的北东向；一条在北部，方向为北北东。前者的东北端点与后者的西南端点相距20千米。根据地区破坏和地震活动特点判断，这两条隐伏断裂经这次地震活动已经相互沟通。

这次地震造成的地面破坏以地裂缝和喷砂冒水为主。地裂缝沿着滏阳河、古宁晋泊和古河道范围呈带状分布，总体走向为北东向。喷砂冒水比较普遍，多分布在古河道、地形低洼和土质疏松地区。沿古河道，不仅地裂缝及喷砂冒水普遍，而且位于古河道上的村庄比相邻村庄的破坏严重；在同一村庄中，古河道通过地段的房屋又比其他地段破坏严重。

极震区内的居民点多为土坯墙结构的平房，多数分布在巨厚的亚黏土、黏土、粉砂土等沉积物之上。在地震中，受喷砂冒水、砂土液化的影响，土层承压能力显著降低。另外，这里过去是涝洼盐碱地区，由于地下水和盐碱的长期腐蚀，地基、墙脚很不结实，使房屋的抗震能力大大减弱，因而破坏严重。

极震区地形地貌变化显著，出现大量地裂缝、滑坡、崩塌、错动、涌泉、水位变化、地面沉陷等现象，喷砂冒水现象最为普遍，最大的喷砂孔直径达2米。地下水普遍上升2米多，许多水井向外冒水。低洼的田地和干涸的池塘充满了地下冒出的水，淹没了农田和水利设施。地面裂缝纵横交错，延绵数十米，有的长达数千米，马兰一个村就有大小地裂缝150余条。有的地面上下错动几十厘米。冀县阎家寨附近百津渠的堤坝原高出地面2米，震后陷入地表以下2米，在长110米、宽11米的地段上，裂开宽有5米的大缝，缝深4米。震区内滏阳河两岸严重坍塌，任村滏阳河故道被挤压成一条长48米、宽3米、高1米的土梁。

三、地震烈度特征

邢台地震极震区所在的"古宁晋泊"是河北平原有名的涝洼盐碱地区。这里古河道密布，黄土层覆盖很厚，经常受洪水侵袭，地基土壤中饱渍水分，易加重对房屋及其他建筑的破坏影响。加之当地居民住宅多为土坯或表砖房，无抗震措施，地震造成的破坏和损失极为严重。两次地震的震中烈度分别达到Ⅸ度和Ⅹ度。

四、地震灾情

邢台地震的破坏范围很大。据不完全统计，两次地震的受灾面积达10余万平方千米，一瞬间便袭击了河北省邢台、石家庄、衡水、邯郸、保定、沧州6个地区，80个县市、1639个乡镇、17633个村庄，使这一地区造成8064人死亡，38451人受伤，倒塌房屋508万余间。位于震中区的隆尧县马兰、任村一带和宁晋东汪等地，房屋几乎全部倒塌，村镇街道变成一片废墟。这次地震还袭击了110多家工厂和矿山，袭击了52个县市邮局，破坏了京广和石太等5条铁路沿线的桥墩和路堑16处，震毁和损坏公路桥梁77座、地方铁路桥2座，毁坏农业生产用桥梁22座共540米。

地震还造成了山石崩塌。1966年3月22日7.2级地震时，邢台、石家庄、邯郸、保定4个地区发生山石崩塌361处，山崩飞石撞击引起火灾22处，烧毁山林3000亩。

震后次生火灾连续发生。根据邢台、衡水、石家庄、邯郸、保定5个地区统计，1966年3月中旬至4月初，就发生火灾422起，烧伤74人，烧毁防震棚470座。

邢台地震不仅造成震区的严重破坏，而且波及了广大的地区。地震有感范围远及陕西、内蒙古、湖北、江苏等省（自治区）；河北、北京、天津、山西、河南、山东等省市的130余个县受到不同程度的损失或影响。特别是地震危及京津，形势严峻，更加引起人们的关注。

第二节 地震应急与处置

一、政府应急响应

邢台地震引起党中央、国务院和全国各族人民的极大关注。3月8日晨，灾情上报国务院后，国务院立即命令当地驻军赶赴灾区。震后三小时，第一批部队到达灾区开展救援工作。震后一两天内陆续进入灾区的部队达两万余人。3月8日下午，周恩来总理召开了中央有关部委负责人参加的紧急会议，全面部署救灾工作。3月9日，周总理亲临灾区视察救灾工作，慰问灾区群众。在白家寨的群众大会上，他代表党中央向灾区人民提出了"奋发图强，自力更生，发展生产，重建家园"的号召，极大地鼓舞了灾区人民的抗震救灾斗志。

地震发生后，中国人民解放军总政参谋部立即通知震区附近驻军赶赴震区，参加救灾工作。周总理亲临灾区视察灾情，指挥救灾，看望灾民。据不完全统计，参加救灾的达100多个单位、36674人，其中解放军官兵24411人、医务人员7095人，汽车881辆，飞机38架。各种救灾物资、药品也源源不断地运到灾区。

根据周总理的指示，灾区成立了以部队为主的党、政、军联合指挥部。指挥部下设司令部、政治部、医疗卫生、物资供应、交通运输、治安等机构。设立了7个分指挥部，各受灾地区、县也相应成立了抗震救灾指挥部，负责当地的灾情上报，救灾物资的申报、转运、分发，人民生活的安置和恢复生产、重建家园工作。

与此同时，广大地震工作者和其他科技人员，也从四面八方日夜兼程，奔赴灾区，密切监视震情的发展。从此揭开了中国地震预报科学实践的序幕。

二、一口地震观测井，一个地震台

邢台大地震中，马栏村死伤人数众多，村民袁桂所的6位亲人被砸死，自己也被砸晕。在和村民一样经历了那场大劫难的同时，他还和地震研究结下了不解之缘。"当时全村哭声连天，我任村里的民兵副连长，从废墟中爬起来，迅速组织青壮年救人。震后我就开始琢磨为啥地震前几个月，村里井水老是冒泡，怎么打水井水也不干？后来才知道这是地震的前兆！"袁桂所说，"周总理到隆尧视察灾情时很忧虑地提到，前人只留下地震的记录，没有留下经验。这次地震付出代价惨重，我们必须从中取得经验。我把总理的这些话牢牢地记住了。"

那年的3月12日，袁桂所开始观测井水变化，正式搞起了地震预报。袁桂所在村里找了6个伙伴，成立了隆尧县第一个地震科研小组，待遇是村里每年多给记几个工分，后来县里每月给误工补助5元钱。科研小组的人员随着年龄的增长，有的参了军，有的出了嫁，只有袁桂所硬是把观测井水研究地震的活儿给坚持下来了。

就是因为这口井，才有了中国第一代地下水观测井网的建立。如今，袁桂所把自家的房子盖在马栏一号古井边上。每天早8点，他都要测量水位并记录到墙上的坐标图里。

由于邢台大地震具有前震多、主震强、衰减有起伏、余震持续时间长的特点，为地震科学研究和实验提供了一个天然场所，因此，1966年4月由中国科学院地球物理研究所筹建的红山地震台在邢台大地震的严峻考验中诞生了。

红山地震台位于隆尧县城西北约9千米的红山山丘上，地理位置偏僻，周围为盐碱地，自然条件恶劣。经过几十年，红山地震台已发展成为拥有测震、地磁、水准、地电等多种观测手段的综合地震台，并成为我国第一个对外开放的地震基准台。在这个只有十几个人工作的地震台里，共走出1名中国科学院院士、16名研究员和多名高级工程师，称得上是中国地震科学家的摇篮，成为中国地震科学的熔炉和艰苦奋斗、砥砺前行的精神象征。

三、邢台地震纪念碑

为了铭记邢台地震的经验教训，追怀亡者，激励今人，垂教后人，由地震震中所在的隆尧县地震办公室倡议，原国家地震局、河北省人民政府、河北省地震局、原邢台地区公署、隆尧县人民政府及震区部分群众集资50多万元，于1987年

3月8日在邢台地震的震中区隆尧县县城东建成了邢台地震资料馆和邢台地震纪念碑。邢台地震纪念碑高19.66米，标志着1966年；台基高2.4米，分为三层，每层八步台阶，象征3月8日。

邢台地震纪念碑碑文

一九六六年三月八日五时二十九分及二十二日十六时十九分，我区隆尧县白家寨、宁晋县东汪先后发生六点八级和七点二级强烈地震，震源深度十公里左右，震中烈度为九度强和十度，波及百余县、市，尤以隆尧、宁晋、巨鹿、新河为烈。

震前，地光闪闪，地声隆隆。随后大地颠簸，地面骤裂，张合起伏，急剧抖动，喷黄沙、冒黑水。老幼惊呼，鸡犬奔突。瞬间，五百余万间房屋夷为墟土，八千零六十四名同胞殁于瓦砾，三万余人罹伤致残，农田工程、公路、桥梁悉遭损毁。灾情之重实属罕见，伤亡残状目不忍睹。

震后，周恩来总理冒余震之险三次亲临现场，体察灾情，面慰群众，提出"自力更生、奋发图强、发展生产、重建家园"之救灾方针。李先念副总理暨中央慰问团亦即赶来，抚民心，励自救。党中央、国务院之深切关怀，使灾区人民没齿难忘。

省、地、县党政领导亲临现场指挥抗震救灾，组织发展生产，帮助灾民重建家园。

一方有难，八方支援。两万四千名中国人民解放军指战员星夜奔来，舍生忘死，排险救人，十指淌血活民命于绝境，搭棚架屋，废寝忘食而助民以安居，诚谓德高齐天。来自京、津、沪、石等市七千医护人员，含辛茹苦，救死扶伤，实乃情深若海。全国各族人民莫不伸出友谊之手，纷纷投函致电，捐款赠物，运来灾区的衣食用品、生产物资，难以数计。

对此，灾区人民无不感激涕零，由衷呼出"天大地大不如党的恩情大，千好万好不如社会主义好！"并化悲痛为回天之力，重整山河、创业建功。废墟举处，当年即粮棉丰登，新房排排，新村片片。

在周总理的亲自指挥下，三十多个科研单位、五百五十余名科技人员先后赶到地震灾区，进行我国有始以来规模最大的地震现场考察实验。从此，前所未有的地震预测预报工作在我国广为开展，专群结合，多路探索，使我国地震队伍迅速发展壮大，地震研究工作居于世界领先地位，邢台大地震堪为我国地震史上之里程碑。

抚今追昔，倏已廿载。如今灾区已是人笑年丰，地换新颜。然地震之惨痛教训，亲人之所遭不幸，终不能忘怀，党予人民救命之恩情，群众抗震卓绝之精神，永刻骨铭心。值此地震廿周年之际，特立此碑，以追怀亡者，激励今人，垂教后人。

第三节 邢台地震的减灾经验及影响

邢台地震是新中国成立后首次发生在中国大陆东部人口密集地区，造成严重破坏和伤亡的一次地震，是我国地震工作的重大转折，广泛的科学考察与预报实验，推进了地震预报进程，专群结合、多路探索，开启了我国防震减灾事业发展的元年。

一、确立了"以预防为主"的地震工作方针

邢台地震后，周恩来总理多次指示地震工作要加强预测研究，做到准确及时。明确指出地震工作要为保卫大城市、大水电力枢纽、铁路干线作出贡献。他充分肯定了广大专群地震工作者在实践中创造的经验，并指出：大兵团协作，到现场实践，这是一大进步。他指示科学工作者要同群众结合，吸收群众的经验和智慧，实行领导、专家和群众三结合。1970年1月5日，周恩来总理在听取云南通海震情汇报时指出：地震是有前兆的，可以预测的，可以预防的，要解决这个问题。地震工作要以预防为主。

1972年全国第二次地震工作会议上，国家地震局根据周恩来总理的多次讲话、指示中反复强调的基本点，归纳成"在党的一元化领导下，以预防为主，专

群结合，土洋结合，大打人民战争"的地震工作方针。

二、促进了地震工作队伍的发展与统一

邢台地震以前，地震工作主要由中国科学院的有关单位承担。邢台地震之后，地质、石油、测绘等部门的几十个单位均参加到地震工作中来，形成了一支多学科联合作战的队伍，在邢台及其以后的多次大地震实践中发挥了很好的作用。

但是，这种来自四面八方，分属不同部门领导的单位所组成的地震队伍，逐渐暴露出与工作需求不相适应的弱点。如在邢台及京津地区，由于各单位缺少联合与合理分工，致使一些地方观测手段重复，考察内容雷同，而另一些应当研究的地段或内容是空白。有时，各单位之间还因种种矛盾而抵消了力量，影响了工作。这种分散管理的局面严重影响了地震工作的协调与发展。

1969年7月18日渤海发生7.4级地震，当天晚上，周恩来总理会同郭沫若、李四光、刘西尧、周荣鑫等，听取关于此次地震及地震工作的汇报，周恩来总理当即指示成立中央地震工作小组，由李四光部长任组长，中国科学院的负责人刘西尧任副组长；由国家科委地震办公室和地质部地震地质办公室组成中央地震工作小组办公室（简称中央地办），作为中央地震工作小组的办事机构，具体负责组织和协调全国的地震工作，并委派娄生辉、王克仁任办公室的正副军代表。

根据周恩来总理的指示，1970年1月17日至2月9日，中央地震工作小组在北京召开了全国第一次地震工作会议。2月7日，周恩来总理接见了会议全体代表，并就地震工作统一和今后工作设想做了长篇讲话，他指出：地震工作首先要确定地域，有重点部署；地震（工作）班子要统一起来，吸收有关部门和重点开展地震工作的省市负责人参加，在中央领导下研究地震工作的方针政策规划。会议建议：建立国家地震局，设在中国科学院，负责地震工作的具体组织实施。

全国第一次地震工作会议对中国地震工作的发展具有历史意义。在周恩来总理的关怀和全国第一次地震工作会议精神的指导下，地震工作走上了有计划、有步骤发展的轨道。1971年8月国务院发出《关于加强中央地震工作小组和成立国家地震局的通知》，正式撤销"中央地办"，成立国家地震局作为中央地震工作的办事机构，统管全国地震工作。从此，中国地震工作结束了分散局面，以新

的步伐阔步前进。

三、形成了一条具有中国特色的地震预报探索之路

（一）关于地震前兆异常判断的科学思路

地震是地下岩层破裂造成地面震动的一种自然现象。地下岩层在孕震过程中的种种变异，当达到一定程度时，就可能引起地下岩层的物理、化学等性质发生变化；人们通过观测这些变化就有可能捕捉到地震发生的信息，即地震前兆。然而，在实践中究竟如何去实现，诸如通过哪些途径，采用什么样的仪器，观测哪些现象，需要什么样的观测精度，观测到的现象究竟与地震是否有关，关系如何；怎样由此判断出未来地震的发生时间、地点、震级，等等；都没有现成经验可循。邢台地震后，中国地震科技工作者正是本着这样的原则，深入地震现场，边观测、边研究、边预报；通过反复实践，一步步加深对地震孕育过程的认识，逐步明确地震预报的科学途径，并通过一次次震例的总结工作，逐步探索地震预报的科学思路。

正确判定地震前兆是进行地震预报的前提。经过邢台地震后多次震例的总结，中国科学工作者初步形成了地震前兆识别的大致程序，当发现某种观测值发生变化时，先要区分它是由地球物理场的某些正常的周期性变化或其他变化引起的，还是由于地震引起的异常变化；若属于前者，则一般不作为地震前兆；若是后者，则可能与地震有关；同时，还需对可能的前兆群体的时间、空间、强度、变化形态等特征进行综合判断，只有进行了这一系列的判断分析，从中提取出前兆信息后，才能进一步将其用于地震预报。

（二）初步形成"长、中、短、临"渐进式地震预报科学思路

邢台地震前所理解的地震预报基本是两类：远期预报和近期预报。远期预报通常是指几十年以上尺度的地震烈度估计；近期预报则时间尺度不甚明确，往往仅仅是一种趋势。邢台地震后，首先是当地群众提出了临震预报的要求，地震工作者根据群众的反映和一些前兆现象，曾成功预报一些强余震。人们在总结邢台地震

预报工作时发现，这种基本属于"临震"性质的预报固然起到一定的防震作用，但由于预警时间太短，往往来不及采取措施，期望能早一些做出震情的判断。

此后，地震工作者根据实践中所得的认识和经验，利用中期和短临异常变化，对一些中强地震做了不同程度的预报。在1972年的全国地震工作会议上，中国地震工作者以预报7级以上强震为目标，提出了长期、中期、短期和临震的预报分期方案，同时把震时和震后也列为两个重要的研究阶段。由此，"长、中、短、临"渐进式地震预报思路初步形成，这一思路的要点，就是将长期、中期、短期和临震及震后现象联合起来看待，使地震预测预报过程成为一环扣一环的整体，为以后地震预报事业奠定了科学的思想和分析方法基础。

四、发展了地震群测群防工作

邢台地震后，随着破坏性地震的不断发生与地震工作队伍的发展，一支以地震区广大干部群众为主体的群测群防队伍也成长壮大起来，并逐步纳入地方地震工作体系，从而形成了中央地震工作同地方地震工作，专业队伍同群测群防队伍相结合的，具有中国特色的地震工作机构，地方地震工作由地方政府领导、安排任务，并列入地方地震事业经费开支的工作，主要指市、县的工作。这是地震工作重要补充，是中国地震工作体系的有机组成部分。群测群防工作既是地方地震工作的一项重要内容，又是地方地震工作形成的基础和条件。

如今，在市场经济条件下，群测群防工作得到充实和创新，在广大市县地震工作者的努力下，新时期群测群防工作被赋予了新的工作任务和内容，依然在有效减轻地震灾害损失过程中发挥着不可替代的作用。当前的群测群防工作，具体归纳为"三网一员"，即地震宏观信息监测网、地震灾情速报网、防震减灾科普宣传网和防震减灾助理员，融合了新的元素和任务，体现了经济效益、社会效益和减灾效益的最大化，继续保持和巩固了群测群防工作成果，又给群测群防工作注入了新的活力。

第二章　海城地震——奏响地震预报事业的凯歌

第一节　海城地震基本概况

一、地震事件

1975年2月4日19时36分，辽宁省海城、营口一带（北纬40°39′，东经122°48′）发生7.3级强烈地震，震源深度12千米，震中烈度为IX度。

地震发生在经济发达、人口稠密的辽东半岛中南部。在地震烈度VII度区域范围内，有鞍山、营口、辽阳三座较大城市，人口167.8万；还有海城、营口、盘山等11个县，人口660万；合计人口827.8万。其中城市人口占20%，人口平均密度为每平方千米1000人左右。辽宁省是中国的工业基地之一，重工业总产值位于全国首列。鞍山市的钢铁联合企业在全国素有"钢都"之称。该区交通方便，公路、铁路网络密集，是东北交通运输的重要枢纽。还有大型水库1座，中小型水

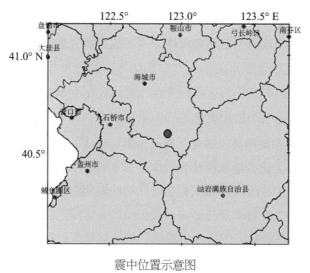

震中位置示意图

库109座。

海城地震是该区有史以来最大的一次地震。震时地光闪闪，地声隆隆。震区90%的人都看到了低空发光现象。远近所见光色和光象不尽相同，近处可见一道道长的白色光带，远处则见红、黄、蓝、白、紫的闪光。此外，还有人看到从地裂缝直接射出的蓝白色光，以及从地面喷口中冒出的粉红色光球。在海城、营口、盘锦一带普遍听到了闷雷似的响声。

二、发震构造

在区域构造上，海城震区正处于一级新华夏的辽东隆起和下辽河断陷的过渡带，这是区域内最为宏伟的构造带；其次，区内纬向构造，分布在辽东隆起区；北西向构造只是在震区东南侧有所分布。

海城震区的基本构造格架是北北东构造和东西向构造，其次是北西向构造。其中新华夏系规模最大，且相对于东西向构造形成较晚。这种基本的构造格架构成了海城复杂的构造条件。

三、烈度特征

此次地震烈度分布很不均匀，常常出现"低中有高，高中有低"的现象，强烈破坏的地段集中分布在长约50千米、宽20千米的区域内，呈雁状排列，与Ⅸ度区的范围相当。即便在强烈破坏地段内，震害也有轻有重，且呈轻重相间现象。总之，此次地震震害分布不均匀，严重的破坏区呈条带状展布，震害轻、重相间，在咫尺间出现差异是极震区的一个突出特点。据专家推测，产生这种现象的原因，有可能与地震波的作用有一定的关系。

四、地震灾情

此次地震是我国首次取得预报和预防成功的地震。当地党政军民根据地震部门的预报，及时采取有力的预防措施，大大减轻地震所造成的人员伤亡。但是，震区城乡房屋和基础设施及生命线工程等，仍受到很大破坏。

这次地震受灾范围很大，涉及辽宁省6个市、10个县，震中区面积达760平方千米，地震直接造成1328人死亡。地震的有感范围也很大，北到黑龙江省的嫩江和牡丹江，南至江苏省的宿迁，西达内蒙古自治区的五原镇和陕西省的西安市，东线越出国境至朝鲜，有感半径达1000千米。

据统计，地震造成城镇各种建筑物破坏，占原有总面积12.8%，公共设施破坏更为严重。其中，破坏道路近30000米，给排水管路160000多米，供电线路100余万米，通信线路450000多米，大小烟囱400多个。损坏大量工业设备和生产物资；在农村造成民房破坏占原有面积27.1%，破坏公路38千米，各型桥梁2000余座；水利设施700多个，堤坝800多千米，喷砂埋盖农田180多平方千米，使生产资料和设备也受到很大损失。

从整个震区经济损失看，城镇房屋共损坏500万平方米，城镇公共设施破坏165万平方米，农村房屋损坏1740万平方米，城乡交通水利设施破坏2937个；共折合人民币8.1亿元。城镇和工业震害所占比重较大，两者相比，城镇占总损失的61%，农村占39%。

次生灾害较为严重，由于地震发生于严寒的冬季，震后的次生冻灾、火灾严重。震前，气温回升，最高气温3~6℃，冰雪消融；但震后风云突变，漫天大雪，气温急剧下降，最低温度达−20℃以下，最高也只有−5℃。气温的冷热巨变，加上多数人住在不防寒的简易防震棚内，造成了严重的冻伤。另外，防震棚多系易燃材料搭成，冬季严寒取暖再加之做饭、照明等，造成火灾亦很严重。据统计，火灾及冻灾共伤亡8271人，次生灾害伤亡人数占总伤亡人数32%。

第二节 地震预报与预防

一、海城地震预报

海城地震的成功预报，震动了世界。这是人类在自然灾害面前由被动到主动的具有重大意义的一步，使人们看到了地震预报的前景是光明的。据估计，海城地震成功预报拯救了10余万人的生命，避免了数十亿元经济损失，仅就这一点来说，这次预报可以说是地震科学史上的一座丰碑。1976年6月，美国"赴海城地震考察组"负责人雷利教授在地震现场说：中国在地震预报方面是第一流的。海城地震预报是十几年来世界上重大的科学成就之一。

尽管之前和之后几十年的地震预报实践中，再也未能实现如此精准的地震预报，它却能使人们看到地震预报这一世界难题被攻克的希望。在漫漫的地震预报探索过程中，它始终犹如黑夜中的一丝光亮，引领着地震科研工作者孜孜以求地不断攻坚。

早在1970年，全国第一次地震工作会议根据历史地震、现今地震活动及断裂带活动的新特点，曾确定辽宁省沈阳—营口地区为全国地震工作重点监视区之一。1974年6月，国家地震局召开华北及渤海地区地震趋势会商会，提出渤海北部等地区一两年内有可能发生5~6级地震。不久，国务院就批转了国家地震局"关于华北及渤海地区地震形势的报告"。对7个省、市、自治区发布了地震中期预报。1975年1月下旬，辽宁省地震部门提出地震趋势意见，认为1975年上半年，或者1—2月，辽东半岛南端发生6级左右地震的可能性较大。与此同时国家地震局也提出了辽宁南部可能孕育着一次较大地震。2月4日零时30分，辽宁省地震办公室根据2月1—3日营口、海城两县交界处出现的小震活动特征及宏观异常增加的情况，向全省发出了带有临震预报性质的第14期地震简报，提出小震后面有较大的地震，并于2月4日6点多向省政府提出了较明确的预报意见。4日10时30分，省政府向全省发出电话通知，并发布临震预报。

海城地震中的盘锦大桥

二、临震应急处置

1975年2月3日深夜，辽宁省地震部门在上报省政府的震情简报中提出：在营口、海城地区小震活动后面，可能要发生一次大地震。4日上午8时，辽宁省政府听完震情汇报后，当即指示省地震部门负责人带领有关人员立即奔赴海城县，组织召开海城、营口两县防震紧急会议，研究防震措施，部署安排具体工作。上午10时，省政府又向各市、地有关部门发出了电话通知，指示各地要提高警惕，发动群众认真做好防震抗震工作，并针对海城、营口地区的具体情况，提出五条措施，即：要划出戒备区；采取紧急措施，组织昼夜巡逻；房子不坚固的可借住他宿；工厂、矿山、建筑物、水库、桥梁、坑口、高压线等要有人戒备，坚守岗位，专人看管；发现震情要报告。

由于震区各市、县根据省政府的指示和紧急会议精神采取了一系列应急防震措施，因而大大减少了人员伤亡。比如，海城、营口县政府在震前采取四条应急预防措施：一是城乡停止一切会议；二是工业停产，商店停业，医院一般患者用战备车送回家，少数重病患者留在防震帐篷里就地治疗。城乡招待所、旅社要动员客人离开；三是城乡文化娱乐场所停止活动；四是各级组织采取切实措施做到人离屋、畜离圈，重要农机具转移到安全地方。上述防震措施得到了很好的贯彻，各街道、乡一方面用广播喇叭，另一方面派干部挨家挨户动员群众撤离危险房屋，有的还在露天放映电影，因而最大限度地减少了伤亡。如处于地震烈度IX度区的大石桥镇，共有居民72000人，震时房屋倒塌67%，但只死亡21人，轻伤353人。再如，一个当地驻军，震前正同鞍山市春节慰问团举行军民联欢会，与会人员上千人，当接到紧急防震通知后，决定联欢会只讲话不演节目。结果人员刚刚撤离，地震就发生了，礼堂倒塌，只有最后离开的一个战士受伤。

海城地震裂缝

三、组织抗震救灾

海城地震刚过，辽宁省政府就连夜在海城县成立了省抗震救灾指挥部，下设办公室、医疗卫生、物资供应、抢险维修、治安保卫、地震测报等机构，立即指挥实施救灾对策方案。省内未受灾的地、市，分别在海城、营口两县设立支援救灾工作站，分工包干救援。沈阳、辽宁军区也在震区设立了指挥部，指导当地驻军进行抗震救灾。如海城县驻军在震后10~20分钟就进入了救灾现场。据不完全

统计，他们共救出2700余人。有一个团在地震当晚就救出426人。海城驻军某师一个侦察连，震后2分钟就进入县招待所，和随后派出的一个工兵营一起进行抢救，先后打了40多个洞，奋战5昼夜，挖出60多人，共救活18人。救人时一般先给伤员打强心剂，然后再抬出来，用这个方法救活了5名伤员。2月6日后，解放军开始全面清理废墟，每当清理一个地方，先喊一喊，听一听，再看一看。2月9日上午11时，最后救出了一个被压埋了110个多小时的外地采购员，这个伤员身受重伤和三度冻伤，经医院及时抢救后脱离危险。

地震后，北京、吉林、河北等省市以及辽宁省内共派遣101个医疗队进入震区，医护人员共3480人。他们在当地群众和驻军协助下，在震后2、3小时内，基本上把重危伤员抢运到乡村临时设立的医疗点或交通方便的公路两侧，因地制宜地对伤员进行了急救处置。在震后12小时内基本上完成了伤员抢运任务。省政府紧急安排省内16家县级以上医院、军队3家野战医院以及灾区临时开设的3所医院接收治疗重伤员。到1975年3月19日止，县级以上医院收治的4700多名重伤员已有3464人基本痊愈出院。震后震区还普遍开展了春季爱国卫生运动，防止了传染病的继续蔓延，使发病率大为减少。

震后，灾区人民在各级政府的领导下，发扬自力更生、艰苦奋斗精神，较快恢复生产，重建家园。国家和省投资10.3亿元，震区自筹资金2.5亿元，用于恢复生产。经过两年努力，农村共建用房857万平方米；经过16年努力，城镇共修建房屋355万平方米，公共设施11万平方米，国家和省级投资17.8亿元，灾区自筹4.6亿元。

四、预报减轻地震灾害损失的显著成效

海城地震发生在现代工业集中、人口稠密地区。该区绝大多数房屋未设防，抗震性能差，地震又发生在冬季的晚上，按照当地农村多数人的习惯，震时已都入睡。在这样的情况下，如果事先没有预报和预防，人员伤亡将十分惨重。国内其他未实现预报的7级以上的大地震，如邢台地震、通海地震、唐山地震的人员伤亡率分别为14%、13%、18.4%。按这三次地震的人员伤亡率平均值估算，海城地震人员伤亡将近15万，死亡可达5万以上。而由于发布了短临预报，震区

各级政府组织群众预防，使全区人员伤亡共18308人，仅占Ⅶ度区总人口数的0.22%，其中，死亡328人，占总人口数的0.02%，重伤4292人，轻伤12688人，轻重伤占总人口数的0.2%。

震前的成功预报预防，还带来了其他一系列的社会效益和经济效益。由于人员伤亡的减少，尤其是青壮年伤亡少，有效保证了灾区抗震救灾、恢复生产和重建家园的顺利进行，减轻了由国家大量派出救灾人员和因停产而引起的损失。地震前，灾区工农业日生产总值2600万元，震后大部分在10天内恢复了生产，全区在2个月内就全部恢复了生产。如果没有预报和预防，按半年产的时间计算，将损失30亿~40亿元。另外，震前对一些要害部门进行了加固和处理，避免了可能发生的重大次生灾害。如辽阳参窝水库，是全省大型水库之一。原无地震设防，工程质量也有一些问题。1975年1月进行了坝体加固。地震时，坝区山石滚落，坝体裂缝加大，冰面出现90米长裂缝，但是整个大坝却安然无恙。又如，庆阳化工厂于1974年12月下旬对库存的4950吨易爆产品采取了紧急调出措施，避免了可能因地震引起的爆炸。

由于震前广泛开展了防震减灾宣传教育，使广大干部群众掌握了应急防震知识，也有效减轻了伤亡和损失。如2月4日大连至北京的31次旅客快车，满载着1000多名乘客奔驰在地震区的铁路上。19时36分列车运行到极震区唐王山车站前，火车司机突然发现车头前方从地面至天空出现大面积蓝白色闪光。这位司机懂得地震知识，马上意识到这是地光，判断地震即将到来。他沉着地缓慢减速，在减速过程中地震发生了。由于列车行驶速度很慢，司机安全地把列车停了下来，未出现事故，保证了全体旅客的安全。

第三节 海城地震成功预报的经验与启示

一、海城地震的经验

（一）地震预报实践经验

海城地震的预测预报过程，大体上可以划分为四个时间段：第一个时间段主要是通过一系列研究工作，对辽宁地区的地震危险性进行估计；第二个时间段主要是通过地震台站观测发现一些异常，经过会商分析和综合研究，认为可能是中期地震趋势，因而做出中期预报；第三个时间段主要是从台站和群众观测中，伴随某些微观异常的急剧变化，发现大量的宏观异常，经过分析会商认为，在具有中期预报的背景下，大量的宏观异常和微观异常的急剧变化，判断可能是短期地震活动趋势，所以做出短期预报；第四个时间段很短，主要根据宏观异常的激烈变化和小震活动增加而做出临震预报，在不到24小时的时间内，强震发生了。

预报实践主要遵循以下技术思路：

1. 应用已有震例经验依据进行类比，形成几点基本判断原则，即历史地震活动水平和活动区分布情况、主要断裂的活动性、分布及其活动特点、区域形变场的变化率大小及与现今的地震活动水平。紧紧围绕这些问题，在相应地区开展野外探测、考察、流动观测、固定台站观测等资料的综合研究。

2. 分阶段逐步缩小预报的时间和空间范围，海城地震前主要异常显示出的阶段性比较明显。如中期阶段，地壳运动平缓，形变异常表现缓慢积累，地震活动增强；短期阶段，地壳运动加速，形变异常加速变化，地震活动起伏，宏观异常大量出现；临震阶段，宏观异常现象剧增，前震发生，这些特点为地震预报提供了有利条件。

3. 多手段观测综合预报，采用多手段观测，综合分析，是实现地震预报的重要途径。

（二）建立防震工作机构

预报减轻地震灾害损失的一个关键环节，就是要建立防震工作机构，使各项防震工作落到实处。海城地震中期预报发出后，1974年7月23日召开了全省各市、县负责人会议，传达国务院69号文件精神和要求，部署全省地震预防工作。1975年1月4日专门召开沈阳、抚顺、丹东、辽阳、鞍山、本溪、大连和盘锦等市政府负责人及铁路、水利、电力、煤炭、建工、钢铁、油田、化工等系统和较大厂矿负责人会议，进一步检查和推动防震工作。截至大震发生前，全省各地，特别是重点地区，从机关、厂矿、企业及公社（即如今的乡镇）、生产队（现在的自然村或村民组），基本上都建立了有专人负责的防震机构。

这些防震机构，一方面发动群众制定方案和措施，准备防震物资，把防震工作城镇大街小巷、厂矿车间班组、农村社队户户，得以落实；另一方面结合本单位生产和生活实际，组织专业的抢险、抢修、抢救队伍，把震后抗灾的准备工作也做到大震到来之前。各单位均做到防震有措施，抗灾有准备。

（三）防震减灾知识宣传和普及

宣传地震基本知识和防震常识，用科学道理武装群众思想，是做好震前预防工作的重要环节。这种宣传教育工作，不仅能消除群众对地震的迷信传说，而且能够解除麻痹思想，安定震前恐慌情绪，从而激励群众积极采取防预措施，确保预报目标区正常的生产生活秩序。

海城地震前，曾用报纸、电影、广播、报告会等形式，在各种场合，甚至深入到田间地头、码头、车站等地，在全省范围内大力宣传地震知识和防震常识。海城地震的实践表明，在预防地震工作中，大量的宣传教育工作主要集中在中期预报以后，宣教工作重点是努力消除群众的恐慌情绪；临震宣传是工作的难点，重点在于宣传应急措施和对策。如开展典型单位地震应急演练等，示范其他单位和个人等。

海城地震预防工作说明了一个事实，那就是与其害怕群众在震前恐慌，莫如把地震知识和防震常识宣传给群众，宣传工作越广泛深入，采取的防震措施越具体，群众情绪也就越安定，减灾效益也就越明显。

（四）重点工程加固及次生灾害防备经验

做好重点工程加固及次生灾害防备是震前预防工作的主要内容。海城地震中期预报发布后，曾发动有关部门分别组织力量，对重点工程设施特别是易引发次生灾害的基础设施（如化工企业）进行抗震普查鉴定，在普查鉴定的基础上，尤其对于较大的化工、工矿企业，水利、电力、铁路、煤矿和市政设施等，选择重点部位，采取了一些抗震加固措施，震后有效预防次生灾害的发生。但也存在对农村次生灾害估计不足，防寒物资准备不充分，措施不力的缺陷。由于此次大震发生在严寒的隆冬季节，震前大量的人员疏散到户外，避居在临时棚舍的人员很多，防火和防冻问题突出，对此情况的严重性估计不足，曾引起火灾和冻伤、冻死现象。

（五）临震指挥工作经验

地震灾害的特点往往是在短短几十秒的时间内，造成严重的伤亡和损失。所以有"防震千日，功在一瞬"的说法，也给临震指挥决断提出更高的、严峻的考验。

海城地震预防实践表明，指挥防震工作，尤其在临震阶段，应和战场上指挥打仗一样。一是要保持高度的警惕，把各项防震准备工作周密地做在大震发生之前，不能停留在会议上、文件上、一般号召上，关键要落实到行动上，应急措施要得力，讲究实效；二是要把握时机，在关键时刻当机立断，切忌拖拖拉拉，优柔寡断，甚至疏忽大意，贻误战机；三是指挥者要严守岗位，一刻也不能中断指挥，以便应对随时可能出现的新情况，及时采取对策。在这方面，此次海城地震正反两方面的例子都有。事实上，凡是指挥得力的地区，损失和伤亡都相对较轻，而相反的部分地区则损失较重，教训十分深刻。

海城地震预防工作实践还表明，防震工作能够取得很好的成效，除了地震部门震前提出预报的原因外，另一个很重要的原因，就是各级政府把地震预防这件大事摆在了重要的议事日程，由政府直接组织群众，调动各方面的力量，形成统一行动。如此次地震的营口，从中期预报就成立了防震指挥部，由一位主要负责人担任领导小组组长，亲自参加防震值班，随时过问震情，及时传达贯彻省级政府各项指令。在市级政府的指挥下，这个地区的所属县、区、局，直到厂矿、社队、街道，形成了一个较完整的防震体系，不但震前预防较为得力，而且震后迅速指挥，投入到抢险救灾工作中。可见，预防一场破坏性大地震，没有政府机构的指挥，地震预防工作即便做出准确的临震预报也是难以奏效的。

二、海城地震的成功预报，对于地震预报工作的启示

启示之一，至今仍给科学家们解决地震预报难题以极大的信心。地震预报是

世界科学难题，目前仍处于经验性的预报阶段，尚未取得突破性进展。地震能否预报的问题始终在全球范围内存在争论。海城地震的成功预报，在预测和预防等方面的成功经验向人类表明，至少某些类型的地震是有前兆的，是可以预报的，给人类减轻地震灾害带来了希望，也时时鼓舞着地震学家攻克地震预报难关的信心。

启示之二，辽宁各级政府在海城地震发生前后，所做出的果断决策及其所采取的有效防震减灾紧急措施，始终对我国的防震减灾产生着积极影响。海城地震的成功预报开创了地震的科学预测、政府的风险决策和应急救援工作紧密结合、相互协调的先例，获得了一整套地震预报决策的经验，直到今天仍对我国开展地震预报和决策发挥着重要的借鉴作用。

启示之三，地震预报工作必须坚定不移地坚持下去。海城地震的成功预报，说明在现阶段，在一些有利的情况下，对一些破坏性地震，做出一定程度乃至成功的预报是可能的。一旦预报成功，减灾实效是十分明显的。我国是一个多地震国家，约占全球陆地面积1/14的国土上，每年发生地震的次数却占全球陆地地震次数的1/3以上，而且分布广、震源浅、灾害重。因此我国必须坚持预防为主、防御与救助相结合的方针，坚持开展地震预报工作不动摇。任何无所作为的悲观认识和盲目的乐观情绪都是错误的。只有在实践中不断提高认识，才能一点一点地攻克地震预测难关。

启示之四，继承海城地震预报成功经验，不断探索有效的地震预报方法，再创我国地震预报事业的新辉煌。海城地震预报的成功经验不是一成不变的，也要经过去伪求真、与时俱进的历史进程。充分运用现代高新技术，挖掘地震孕育过程中的丰富信息，重视地震孕育、发展、发生机理的深入研究，逐步揭示地震现象的物理本质，以实现最大限度地减轻地震灾害。

第三章 唐山地震——预报减轻地震灾害的挫折

第一节 唐山大地震的基本概况

一、地震事件

北京时间1976年7月28日3时42分20秒，河北省唐山、丰南一带（北纬39.6°，东经118.2°）发生了7.8级地震，震中烈度XI度，震源深度11千米。地震持续约12秒，全国14个省、市、自治区有感，其中北京市和天津市受到严重波及。强震产生的能量相当于400颗广岛原子弹爆炸。整个唐山市顷刻间夷为平地，全市交通、通信、供水、供电中断。由于唐山地震没有小规模前震，而且发生于凌晨人们熟睡之时，使得绝大部分人毫无防备，造成24.2人死亡，重伤16万人，唐山地区震毁公产房屋1479万平方米，倒塌民房530万间，仅唐山地区的直接经济损失就达54亿元。

唐山地震中损坏的房屋

二、构造特征

唐山地区大地构造位于燕山台褶带南缘的开滦台凹,该台凹主要由中元古界至上古生界组成,晚古生界石炭、二叠纪沉积环境稳定,发育齐全,沉积层厚1200米的煤系地层。中生代燕山运动强烈,形成一系列褶皱和断裂,并缺失中生界,也无岩浆运动。褶皱具有隔挡式特点,背斜窄,走向断层发育,向斜宽。褶

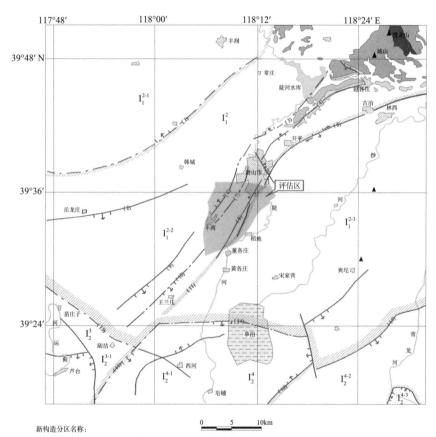

新构造分区名称:

I₁燕山断块隆起区:I₁²⁻¹燕山山前断隆;I₁²⁻²新军屯断凸;I₁²⁻³唐山东断凹

I₂华北盆地断坳区:I₂³沧县断隆;I₂²⁻¹宁河断凹;I₂²黄骅断陷;I₂⁴⁻¹涧河断凹;I₂⁴⁻²柏各庄断凹;I₂⁴⁻³南保断凹

主要断裂名称:

(1)韩家庄断裂;(2)岳龙庄断裂;(3)陆河断裂;(4)巍山—长山南坡断裂;(5)唐山—古冶断裂;(6)碑子院—丰南断裂
(7)唐山—丰南断裂;(8)唐山断裂;(9)王兰庄断裂西支;(10)王兰庄断裂西支;(11)王兰庄断裂东支
(12)西缸窑断裂;(13)蓟运河断裂;(14)昌黎断裂;(15)黑沿子断裂

唐山地区区域构造及断裂分布图

皱轴走向均为北东，主要有丰台背斜、车轴山向斜、碑子院背斜、开平向斜。新生代以来，南北构造分异明显，南部下沉，上新统—第四系向北层层超覆，并伴随断裂活动形成鸦鸿桥凹陷、新军屯—唐山凸起、唐山东断凹等构造。

北北东—北东向唐山断裂带是区内一条重要断裂带，斜贯全区，展布于碑子院背斜和开平向斜间的陡倾以至倒转的翼部，是一系列大致平行的断裂与褶皱相伴生的复杂断裂带。其中唐山断裂带是1976年7.8级地震的发震断裂，沿断裂带在地表产生长达11千米的裂缝带。

本区断裂以北东—北东东为主，次为北西向和北东东—近东西向，主体断裂为北北东—北东向唐山断裂带，断裂带内全新世强烈逆冲右旋走滑断层——唐山断层是发震断层。

三、烈度分布

1976年7月28日3时42分唐山发生7.8级地震，震中烈度为XI度。同日18时43分，又在距唐山40余千米的滦县发生7.1级余震，震中烈度IX度。

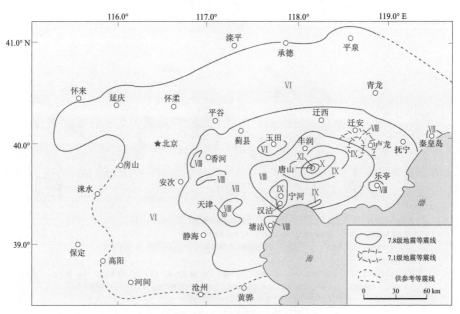

1976年唐山地震烈度分布图

唐山地震发生在人口稠密、经济发达的工业城市，造成的损失极为惨重。与唐山地区毗邻的大城市天津市也遭到Ⅷ~Ⅸ度的破坏。有感范围很大，波及辽、晋、豫、鲁、内蒙古等14个省、市、自治区，破坏范围半径约250千米。

四、灾情特征

唐山地震没有小规模前震，而且发生于凌晨人们熟睡之时，使得绝大部分人毫无防备。唐山在此次地震之前被认为地处地震灾害发生率相对较低的地区，很少建筑具备较高抗震级别，而且整个城市位于相对不稳定的冲积土之上。地震摧毁了方圆6~8千米的地区。许多第一次地震的幸存者由于深陷废墟之中而丧生于15小时后的7.1级余震。之后还有数次5.0～5.5级余震。在地震中，唐山78%的工业建筑、93%的居民建筑、80%的水泵站以及14%的下水管道遭到毁坏或严重损坏。地震波及唐山附近许多地区，秦皇岛和天津遭受部分损失，距震中140千米的北京也有少量建筑受损。

灾情特征表现为以下几方面：

1. 地域死亡率和房屋建筑倒塌率的分布以震中为中心向周围地域递减。唐山市区及邻近部分乡镇的地域死亡率高于20%，丰南区8.59%，丰润区1.83%，唐海县3.05%，滦县1.99%；距震中再远的县地域死亡率更低，北部几个县的部分乡镇为0；震中附近的房屋建筑倒塌率高达98.7%，随着远离震中，逐渐减少。

2. 由于地震灾害地域分布影响因素的复杂性，以震中为中心向周围各个方向的灾情递减，并不严格是同心圆，即灾情梯度降在不同方向上不相等。这和其他严重地震灾害具有大致相同的规律，但由于主要断裂带和余震的影响，以唐山市区为中心的北东、南西方向震害梯度降较小。

3. 有些地域的灾情分布呈现异常。玉田县西部两个地域的死亡率小于0.1%。唐海县南部地域死亡率为0.1%与1.0%之间，第二农场、第三农场、第五农场有一片地域死亡率为4.8%～7.2%。

第二节　地震应急与处置

一、政府响应

唐山地震抢险现场

地震发生后，党和政府十分关心唐山灾情。重病中的毛泽东主席多次审看有关报告。党中央、国务院派出以华国锋总理为团长的中央慰问团到达灾区，亲切看望受灾群众。中国人民解放军迅速派出10万名指战员参加抗震救灾，由来自全国16个省（市、自治区）和解放军、卫生部、铁路系统派出的2万名医务人员，组成300支医疗队、防疫队，携带药品、器械到达灾区，一方面抢救伤员，一方面进行防疫工作。灾区原有的医务人员和广大赤脚医生，也很快搭起简易的房屋和帐篷，克服种种困难，投入到救治伤员和防疫的工作中。全国各个地方的救灾人员也日夜兼程，赶到灾区。从地震发生当日到1978年8月25日，共调用火车159列次、飞机470架次，将10万多名伤员运往全国各地。中央从全国调集了21支防疫队和军用防化车、喷药飞机、大批药品器械投入防疫工作，同时各地的大量救灾物资也源源不断地运达唐山。

唐山地震发生后，正在北京开会的河北省委书记刘子厚、副书记马力和北京军区领导得知准确消息后，当天下午1时30分即飞抵唐山，视察了市区受灾现场，然后在机场把了解的情况及需要立即采取的措施向中央和省委作了汇报。7月29日上午，在唐山机场召开了紧急会议，正式成立河北省唐山抗震救灾前线指挥部，由河北省委刘子厚、马力，北京军区肖选进、万海峰、迟浩田，沈阳军区韩麄，河北省军区马辉、古奇峰等领导同志组成。下设几个办事机构，由省直各单位和国务院有关部门抽调工作人员千余人充任，其中厅局级干部60多人。

在省会石家庄，以省委副书记王金山为首成立了河北省抗震救灾后勤指挥部，负责领导省直各厅局的抗震救灾工作和完成前线指挥部交给的任务。这次地震中，唐山地委损失惨重，地委第一书记李悦农等7名常委震亡。根据省委决定迅速调整了地委领导班子，由地委书记刘琦和副书记董静华、张一萍、曹子栋等组成新的地委和唐山地区抗震救灾指挥部。与此同时，以唐山市委第一书记许家信为首成立了唐山市抗震救灾指挥部。

唐山地震发生后，国务院派来了联合工作组，对抗震救灾工作进行具体指导和帮助，并负责协调各方面的力量，副总理谷牧多次赴唐山研究部署恢复重建工作。国家建委副主任张百发一直在灾区工作。为统一领导和组织唐山灾区的救灾工作，党中央很快成立了中央抗震救灾指挥部，在国务院设立了抗震救灾办公室。

根据救灾任务的需要，在唐山又相继成立了一些专业救灾指挥部，如水电部北京电管局成立了以李鹏为首的电力抗震抢险抢修前线指挥部，总参、总后、北京军区、沈阳军区和国务院有关部门也分别组成前线指挥部、抢救和向外运送伤员指挥部、清理和掩埋尸体指挥部、接收和分配救援物资指挥部、清理废墟指挥部、恢复震毁水利工程指挥部，以及铁路、公路，开滦煤矿，邮电等专门指挥部。这些纵横交错的指挥部，自成系统，各司其职，形成了一个首尾连贯，协调一致的强有力的救灾指挥系统，保证了救灾工作顺利进行。

二、社会响应

唐山大地震引起了国际社会的关注。1978年7月28日，美国驻华联络处主任盖茨原则上表示愿意提供中国人所希望提供的任何援助。1978年7月29日，联合国秘书长瓦尔德海姆致电国务院总理华国锋，称联合国准备帮助灾区人民克服这场灾害。英国外交大臣在唐山发生强烈地震以后表示愿意向中国提供紧急援助和医药物资。1978年7月30日，日本内阁会议通过了宫泽喜一外相的建议，将采取迅速发出救灾物资的方针，随即外务省开始动手准备发出药品、衣物、帐篷等物品。宫泽外相还指示日本驻华大使孝川，要他向中国政府转达：一旦中国方面做好接受的准备，就将发送。当日，中国外交部正式谢绝日本政府愿意提供援助的表示，并告知日本驻华大使，中国不接受外国包括日本在内的任何援助。

唐山大地震发生后，国内的大批救灾人员抵达唐山后，唐山的救灾工作全面展开。解放军和全国各地的救援队伍、物资源源不断地云集唐山，展开了规模空前的紧张的救灾工作，及时控制了灾情，减少了伤亡。市区被埋压的60万人中有30万人自救脱险。解放军各部队出动近15万人。唐山机场一天起降飞机达390架次。京津唐电网3000多人组成电力抢修队。全国13个省、市、自治区和解放军、铁路系统的2万多名医务人员组成近300支医疗队、防疫队。空运重伤员到外省市治疗，共动用飞机474架次，直升机90架次；共开出159列卫生专列。由于一系列防疫灭病措施的实施，唐山市在地震后没有出现瘟疫。与此同时，数万各方支援人员奔赴灾区，各级政府及时解决了群众喝水、吃饭、穿衣问题。经过20多天的抢险工作，初步控制了灾情。

三、感人往事

（一）危急时刻一个普通党员的选择

在河北省唐山市档案馆，珍藏着一本《出席唐山丰南地震抗震救灾先进单位和模范人物代表会议代表名册》，其中有一个闪亮的名字，她就是时任唐山市路南区花园街居委会党支部书记的袁秀文，她的感人故事直到今天还被大家广为传颂。

1976年7月28日凌晨，唐山遭遇了一场始料未及的灾难——地震。狂风裹着恐怖的暗红色压得人喘不过气来，突然，大地上下剧烈颠簸。"不好，地震了！"有人大喊，瞬间房屋倒塌，大地开裂，哀鸿遍野！在地震停止的片刻，一个人的声音穿透了夜空："有活着的没有？快出来救人啊！"这个人就是袁秀文大妈。

这位抗战时期入党、50多岁的袁大妈从废墟里爬出来后，听从老伴的嘱咐："快去，给机关和领导打个电话，快救人！"袁大妈迟疑了片刻，随即赤着脚从自家的"房顶"下来，踉踉跄跄跑到街上。她看着四周的瓦砾，到哪儿去找电话呀！这时被埋压在南屋下的大妈的二姐喊道："她二姨，你出来了？快来扒我！"紧接着又听见西屋下有一个嘶哑的声音呼喊着："妈，快来扒我，我的头被卡住了！"这是小儿子的声音。袁大妈懵住了。她稍微镇静了一下，是得赶快救人，可是先救谁呢？她的目光在自家倒塌的房屋上注视了片刻，毅然转身冲向街心，边跑边喊："有活着的没有？快出来救人！""她袁大妈，我还活着，快来扒我，出来还可以救人！"听到这个声音，她立即跑过去，用尽全身力气，使劲搬开压在那人身上的两块焦子板。这时她感到左脚趾一阵剧痛，用手一摸血糊糊的，但她顾不上看一眼，忍着疼痛边跑边喊："还有出来的吗？快到我这儿来，大家一块救人！"这时天已微亮，有七八个人陆续聚拢过来，这支抢救队哪里有呼救声就跑到哪里，他们用赤手空拳拼命地扒、拼命地挖，到早上7点多钟，已经扒出20余人。

抢救队由北向南最后扒到袁大妈家的时候，大家才看到，大妈的左脚大拇指的指甲已经掀掉，鲜血仍在流着。她从地上捡了块破布撕了一条缠上脚趾，正准备扒自家的亲人时，又听到邻居孙婶微弱的呻吟声，她走过去一看，一根房檩正压在她的腰部，上面还压满了焦子片和碎石乱瓦，如果不及时抢救，就有生命危险。她当即招呼大家先扒孙婶。这时就听大妈的二姐高声喊道："秀文你真狠，这都啥时候了，还不快救自家人？"18岁的小儿子听到声音也呼喊起来："妈，你快来救我吧，我快挺不住了！"听到呼救声，大家才发现袁大妈的家人一个都没出来，大家围过来正要动手扒时，被大妈大声阻止了："不行，孙婶有生命危险，赶快先把孙婶扒出来！"1个小时后，孙婶被成功救出。当袁大妈回到自家倒塌的房屋前时，二姐已经自己爬出来，老伴和小儿子也被人帮忙救出。而她的母亲、大姐、女儿、儿媳和刚满3周岁的孙子，却因抢救不及时而身亡。看着从废墟里扒出来的一具具亲人的遗体，她痛不欲生，嘴里不停地念叨着："我对不起你们！对不起你们啊！"泪水夺眶而出。可是，当五六个孩子哭喊着"大妈，我们爸妈都没了，咋办呢？"听到这些孤儿撕心裂肺的哭声，看着震伤群众的痛苦，这位老党员、居民委员会的当家人，忍住泪水，安顿下孩子，继续带领着抢救队在倒塌的瓦砾堆上寻找幸存者。

8月3日解放军进驻街道，袁大妈继续带领全街居民群众，在解放军的支援下，团结互助，全面展开了抗震救灾工作。入冬前，全街543户居民全部住进简易房，五保户、孤儿都得到重点照顾。袁大妈被全体居民推选为抗震救灾先进个人，在全国抗震救灾总结表彰大会上受到了表彰。

（二）"不管困难多大，也要千方百计保住你的腿"

唐山市档案馆中珍藏着很多解放军战士在倒塌的房屋上救人的照片，每一张照片的背后都有一个感人的故事。

唐山地震发生后，北京军区某团红二连就接到命令，火速奔赴灾区。在倒塌的唐山火车站候车室房顶上，战士们不顾一天一夜急行军的疲劳，在连长、指导员的带领下立即开始了搜救工作。"救救我！"首钢一个青年工人来唐山出差在车站遇险，战士们循着声音找到他被埋压的地方，迅速扒开一个2米多深的洞口，九班长不顾余震的危险，带领战士钻了进去，用双手扒开碎砖乱石，发现了他。沉重的水泥板紧紧压住了他的左腿和踝趾骨。战士们找来千斤顶，可是水泥板太大太重，顶不起来，又找来钢钎凿孔，还是不行。此时余震不断，四周的碎石哗哗往下掉，战士们全然不顾。这位工人看到战士们冒着生命危险抢救自己，感动万分。他担心战士们被余震砸伤，恳切要求说："把我这条腿锯掉吧，只要生命在，一条腿也能干工作。""不管困难多大，也要千方百计保住你的腿。"九班长冒着生命危险，洞里洞外八进八出，用锤子打钎，用锯子锯钢筋，用撬棍撬水泥板，战士们每次要替换，他总以"洞里的情况我熟悉"来拒绝。九班战士连续奋战10多个小时，在兄弟部队吊车的配合下，救出了青年工人。虽然人们不知道他们的名字，但却记住了那一个个年轻的绿色身影。

（三）心存感恩传递大爱

唐山人永远感恩全国军民的无私援助。2008年2月，我国南方遭遇历史罕见的雨雪冰冻灾害，中央电视台及时播报了消息。唐山的宋志永看在眼里，急在心上，他萌生了到抗灾一线去的念头。农历大年三十，宋志永把自己的想法告诉了部分乡亲，结果大伙儿的心想到了一起。由13名农民组成的抗灾小队在宋志永的带领下，当天下午就踏上了奔赴重灾区湖南的征程。农历大年初一下午到达湖南长沙抗灾前线指挥部，第二天就加入了当地电力部门组织的电力"抢修突击队"，并被派往灾害最严重的郴州市搬运电力设施、除冰、架线等繁重的救灾重建工作中。他们中年龄最大的62岁，最小的只有19岁，水土不服，发生腹泻，用药顶着；天寒地冻，感冒发烧，咬牙坚持。他们的爱心感动了灾区，感动了中国，被誉为"中国新时期农民的代表"，他们的事迹在全国引起强烈反响。

他们也有过痛苦的经历，所以更加明白生命的意义和爱心的力量。2008年5月12日，四川汶川特大地震发生后，唐山市委、市政府第一时间派出专业医疗队、抢险队和心理咨询队，火速筹集救灾物资，迅即奔赴灾区抗震救灾。唐山医疗队在17天的救治工作中，对灾区伤员实施手术316例，诊疗病人6000余人；唐山抢险救援队共抢挖出遇难者遗体116具，抢救出灾民财产和企业贵重设备、物资50多吨；唐山多支心理咨询志愿服务队累计为近万名灾民进行了心理危机干预，他们以真挚的情感服务灾区群众，用爱心和技能为灾区人民抚平心灵创伤。唐山人用行动一次又一次深刻体现了"一方有难、八方支援"的民族精神，升华着一个时代的丰富内涵。

（四）电影文学作品中的唐山大地震

1976年的唐山大地震瞬间夺去了24.2万人的生命，16万人伤残，这其间有多少因之而残缺的家庭，有多少人因之失去了至亲，丧亲之痛绵延不绝。刚强勇毅的唐山人在艰难苦痛中抚平灾害的创伤，重建了新唐山，却难以抚平他们对亲人无尽的思念。许多文艺工作者将他们的爱恨情仇写进了作品里，展现几代唐山人艰难的奋斗历程和不屈不挠的品格。

1. 钱刚的报告文学《唐山大地震》中的片断

"唐山第一次失去了它的黎明。它被漫天迷雾笼罩。石灰、黄土、煤屑、烟尘以及一座城市毁灭时所产生的死亡物质，混合成了灰色的雾。浓极了的雾气弥漫着，飘浮着，一片片、一缕缕、一絮絮地升起，像缓缓地悬浮于空中的帷幔，无声地笼罩着这片废墟，笼罩着这座空寂无声的末日之城。已经听不见大震时核爆炸似的巨响，以及大地颤动时发出的深沉的喘息。仅仅数小时前，唐山还像一片完整的树叶，在狂风中簌簌抖动；现在，它已肢残体碎，奄奄一息。灰白色的雾霭中，仅仅留下了一片神秘的、恐怖的战场，一个巨人——一个20世纪的赫拉克力士奋力搏斗后留下的战场。所有的声息都消失了。偶尔地，有几声孩子细弱的哭声，也像是从遥远的地心深处传来，那般深幽，那般细长，像幻觉中一根飘飘欲断的白色的线。 空空凝视着的不再合拢的眼睛；冰冷了的已不会再发出音响的张着的嘴；唐山，耷拉着它流血的头颅，昏迷不醒。淡淡的晨光中，细微的尘末，一粒粒、一粒粒缓慢地飘移，使人想起濒死者唇边那一丝悠悠的活气。

一切音响都被窒息了，一切生命都被这死一般的雾裹藏了。蒙蒙大雾中，已不见昔日的唐山。笔者仅据当年目睹及查阅数据在此录下几个角落的情景：三层钢筋混凝土结构的唐山矿冶学院图书馆藏书楼，第一层楼面整个儿向西剪切滑动，原三层楼的建筑像被地壳吞没了一层，凭空矮了一截；被扭曲的铁轨唐山火车站，东部铁轨呈蛇行弯曲，俯瞰，其轮廓像一只扁平的铁葫芦；开滦医院七层大楼成了一座坟丘似的三角形斜塔，顶部仅剩两间病房大小的建筑，颤巍巍地斜搭在一堵随时可能塌落的残壁上。"

2. 冯小刚执导的电影《唐山大地震》部分影评

《唐山大地震》不是一部单纯的灾难片，更不是一部炫技的大场面特效片。尽管它的地震特效场面做得很震撼，但冯小刚导演的着力点显然并不在于此。从震前漫天飞舞的蜻蜓，到震后惨不忍睹的一片废墟，这一过程大约只有半个小时，此后两个小时心灵的"余震"才是影片重点要表现的内容。导演冯小刚显然用了收敛的手段来煽情，而不像某些苦情电视剧那样没有节制。影片如果将地震前主角们的幸福生活铺垫的时间再长一些，那么前后对比的悲情力度会更大。此外影片中间很长一段时间，对母亲和孩子失散后的生活交代略显琐碎和平淡，在一定程度上割裂了全片的悲剧氛围。（《京华时报》评）

冯小刚导演在这部影片当中，成功运用色调来表达电影深刻的内涵。影片画面的色调，一开始是柔和的灰黄调子，犹如老照片一般象征着已逝的岁月；然后是大地震发生时，色调转为沉郁的黑白调子，除了鲜血几乎再没有其余的彩色，暗示着大地震抹去了一切美好，残酷可怕；再之后，贯穿全剧的是淡淡的灰白调子，如一缕缕深渊中的薄雾，象征着人们心底压抑着的弥久的哀伤。（广西新闻网评）

以小说《余震》为基础改编的《唐山大地震》也是改编电影的典范之作，人物、故事基本保持原貌，而且主线更加清晰，情感的表达也非常得体。影片大部分剧情采用双线叙事，讲述家人失散后各自的生活，时间跨度32年，地域以唐山为核心延展至保定、杭州、温哥华、汶川，徐帆和张静初分别饰演的母亲和女儿在精密的戏剧空间中遥相呼应，隔空碰撞出很多火花。其中的价值和技术体现在对特殊年代背景的情怀抒发，对家庭伦理、人物情感的细腻解析。不仅仅是23秒的浩劫，而是聚焦在32年人们心中留下的伤痕，虽然只是娓娓道来，却更加值得观众去久久回味。（《新京报》评）

第三节 灾后重建

1976年10月31日，国务院副总理谷牧在唐山机场河北省抗震救灾指挥部的汇报会上指出："总的说，不能照老唐山原样恢复，要建新唐山，""冀东既是大的煤炭基地，又是大的钢铁基地，……唐山的规划要结合冀东地区的建设来考虑。并且要把农、轻、重搞得更协调，水、电、路要有个通盘的规划。"同时他还提出，"唐山的建设要全国支援。"

后来按谷牧副总理的指示，组织全国设计力量，提出了总体规划。1977年5月14日，中共中央和国务院原则上批准了《河北省唐山市城市总体规划》。随后展开了设计和施工大会战。1978年组织搬迁，开始恢复建设施工。1979年下半年大规模恢复建设工程全面铺开，首先是集中全国设计力量进行规划设计，陆续进入20万人的施工队伍。1985年底，完成恢复建设总面积1770万平方米，其中住房面积1100多万平方米，工业及其他建设670万平方米。这时已有21.3万多户迁入新居，占应迁入新居总户数的90%以上。又经过1986年的扫尾，在纪念唐山抗震救灾10周年时已基本完成恢复重建任务。

一、灾后恢复重建的准备

成立组织机构由于涉及的部门众多，任务重，协调难度大，因此在抗震救灾中，必须建立强有力的领导机构，才能指挥调度各方面力量协同作战，提高抗震救灾效率。地震发生当天，唐山就建立了组织领导系统，即唐山地区救灾指挥部和唐山市救灾指挥部，随后，中央和河北省也相继成立抗震救灾指挥部，形成统一指挥系统。

开展重建之前，成立了唐山市建设指挥部，由唐山市、唐山地区行署的主要领导任指挥部的负责人。指挥部下设规划设计、施工、清墟搬迁、市政工程、建筑材料、物资供应、交通运输等7个专业指挥部，行使重建计划管理权、施工组织指挥权和设备材料调配权等。在指挥部的领导下，城市重建实行"六统一"，较好地完成了唐山市大规模的重建任务。

二、筹措和分配资金

（一）重建融资

唐山市震后重建的投资主要有两种方式：一种是开滦矿务局系统和中央部属企业系统，由国家直接下达；另一种是市区内省、地、市所属单位，从1978年起，采取投资包干的方法。在后来的重建过程中，建设投资又根据实际情况有所调整。

（二）资金分配

市区内的省、地、市所属单位的重建资金采用大包干的办法，即分别下达给各系统包干使用，超支不补，节省留用，在本系统内根据需要允许相互调剂。为了使重建资金大包干更合理，唐山市计划委员会按照国家规定的投资包干指标和震后恢复的总体规划，参照震前的建筑规模，重新核定了各系统的投资指标。

三、灾后恢复重建的开展

（一）灾害善后

1. 救治伤员。如果对地震中的伤员救治不力，势必使得伤员再次受到死亡的威胁。唐山地震后，按照中央抗震救灾指挥部的统一部署和要求，各省赶来救援的医疗队陆续到达。为了统一调度各方面力量协同作战，省抗震救灾前线指挥部设立了医疗卫生组，组内分设医疗救护组、伤员运转组和药品组。唐山地、市各级抗震救灾指挥部内也设立了相应的组织。在短时间内，各地医疗队就在整个灾区形成了一个医疗救护网络，铺开了有组织、有领导的救治活动。

党中央依据实际情况决定将重伤员转外地治疗。遵照中央的指示，省抗震救灾前线指挥部设立了运转伤员的专门机构，并决定在石家庄、保定、邢台、沧州等地车站成立接待站，在伤员过站时，做好慰问、接待工作。还根据过去战争年代的经验，先后在昌黎、蓟县、丰润、玉田、唐山、丰南、古冶、滦县、秦皇岛、山海关等各中转站设立了兵站医院，临时集中、收治和转运伤员。

2. 预防次生灾害。清尸、消毒、接种并行，防止疫情发生。抗震救灾指挥部召开紧急会议，成立防疫领导小组，迅速进行清尸深埋、消毒；出动飞机进行立体消毒杀虫，清除垃圾、污物和蚊蝇孳生场所；加强综合防治措施，普遍开展预防接种，加强疫情报告，突击治疗隐患，早隔离早治疗。此外，采取的措施还包括及时开闸放水，防止溃坝事故，避免水灾发生；合理处理易燃物品，杜绝火患；放掉高压气体，杜绝发生爆炸；紧急处置运行火车，避免车祸惨剧；做好安全停车，谨防设备损坏。

3. 开展救助补偿。指挥部认识到地震造成的伤亡有一定特殊性，对于伤亡职工、干部及其家属的抚恤救济，不能完全按照当时的《劳动保险条例》处理，必须结合实际，使伤亡职工家属生活都有着落，同时划分因公和非因公伤亡，分别对待。具体做法包括参照当地基本生活水平，给因公与非因公伤亡职工、干部发放劳保待遇及其供养直系亲属的抚恤费和救济费；地震死亡职工的供养直系亲属基本生活水平标准，根据城乡的不同情况分别加以确定；抚恤费、救济费和生活补助费，由死者生前所在单位负责统一发放；已经得到及时安葬的死者一律不再发放丧葬费或丧葬补助；因公和非因公负伤、致残者，按照《劳动保险条例实施细则（修正草案）》或有关规定执行；死亡职工的子女符合招工条件的，可以有计划地分配或优先安排就业。

（二）社会功能恢复

1. 抢修"生命线"工程。一是恢复通信，为中央调配救援人力、物力提供可靠的信息。灾害发生后，唐山地区邮电局，立即组织职工投入恢复通联络的战斗。二是恢复交通，保证救援人员、物资快速到位。铁道部、铁道兵抗震救灾联合指挥部先后调集各部门人员，组成抢修大军，本着"先修通，后完善；先干线，后支专线"的原则抢险救灾。三是抢修电力设施，为抢险救灾设备及时提供动力。按照先供电后发电、先简易发电后健全、先重点后一般的抢修原则，迅速开展抢修发电、供电设备，恢复电力供应的工作。

2. 恢复社会秩序。震后唐山的社会秩序出现不同程度的混乱，人民的生命财产受到严重威胁。脱险的各级领导干部、公安干警和人民解放军及专业救灾人员结合起来，共同保卫银行、商店、仓库等要害部门，严厉打击坏人，社会秩序得以恢复。震后，针对案件增多的特点，各级公安机关采取措施，及时掌握社会治安情况和动向；并和检察院、法院组成专门班子，联合办案；鼓励群众检举揭发犯罪行为；实行治安联防，加强对重点目标的保卫；调查清理城乡户口，及时公布地震中遇难人数，扼杀流言、谣言。

3. 恢复公共服务系统。政府在率先恢复粮食生产、供应的基础上，逐步恢复商业网点，同时，加快恢复教育、文化、卫生、体育等各项事业。

4. 恢复正常工资制度。唐山地震后的第一个月，唐山市未能按时发放工资，而是对受灾人员的生活必需品进行定量免费供应。此后，在调查研究、听取群众意见的基础上，指挥部草拟了《关于解决唐山市职工群众经济生活问题意见的请示报告》。报告对补发工资、恢复正常工资制度的相关办法做出了规定。

（三）恢复生产

恢复工业生产。坚持"抓住重点、兼顾一般"的原则，动员全市上下开展恢复生产大会战，首先恢复煤炭、钢铁、电力以及"支农"、"援外"产品和人民生活必需品的生产。

恢复农业生产。各县农村普遍划分两条战线，一是照顾伤员，安排群众生活。二是生产自救，抢排农田积水，除草灭荒。

（四）生活恢复

1. 建设"简易城市"（所谓"简易城市"，是在震后灾区生活与生产条件比较困难的条件下，为了确保灾民有吃、穿、住等最基本的生活环境，初步形成城市机能而建设的一种临时性的、过渡性的城市）。唐山大地震使得唐山的民用建筑、公共建筑、工业建筑和城市生命线系统遭到严重破坏。建设"简易城市"，是灾后恢复重建的一个必要准备和开始。当时，唐山市建设的"简易城市"主要包括简易房、简易工厂、简易商店、简易学校和医院。"简易城市"给灾民创造了最基本且不断完善的生活条件，促进各行各业逐步恢复社会经济功能，为唐山城市的全面重建奠定了基础。

唐山地震后临时居住的简易房

2. 安置孤老截瘫。安置孤儿方面，采取了国家、集体、个人并举的方针。河北省人民政府决定在石家庄和邢台市建立两所孤儿学校。唐山市也成立育红学校。孤儿的生活费或由父母生前单位从遗属补助费中解决，或由民政部门负责费用。安置孤老方面，在城市分三种情况进行安置：一是对有口可归的震亡干部职工的父母，由归口单位发放遗属补助费，生活不能自理的由单位供给、亲属带养或派人照顾；二是兴办市区和街道敬老院（福利院）集中供养；三是对生活能够自理本人不愿入院的分散供养。在郊区和农村的孤老，随着敬老院的迅速发展和"五保"政策的落实而得到妥善安置。安置截瘫人员方面，震后采取国家、集体和个人相结合，分散与集中相结合的原则，分三种形式安置：一是在市区和各县建立截瘫疗养院，安置无家可归和家中无条件疗养的截瘫伤员，办院经费由政府拨款（包括医疗器械、药费及各种设备费）；二是动员大厂矿等企业归口安置；三是有条件的分散在自家和亲属家疗养，由政府提供救济。

3. 城市重建。清墟是重建的前提。唐山地震后，全部清墟工作分市统建部分、市城建部分、主要的企事业单位等部分进行。唐山市成立了机械化施工公司，承担市内清墟工作。清墟的次序是依据施工的需要来安排的。清出的废物，或运往市郊和附近县区的大坑，或由施工单位用来填充某地。

规划是城市重建的重要依据。唐山市成立恢复建设规划组，具体负责城市重建规划。重建唐山的指导思想是：唐山赖以形成和发展的一些重要产业，有的受自然条件约束必须原地重建，力求使唐山市的规划布局合理，功能分区科学，干道立交，交通畅通，建筑新颖，街坊多样，市容美观，环境绿化，少受污染。

根据以上指导思想，对原唐山市的行政区划重新进行了调整。又根据国家标准，新的唐山市定为地震烈度Ⅷ度设防区，对城市生命线工程设防标准适当提高到Ⅸ度。城市交通、供水、供电、通信、建筑结构等方面，都充分考虑了防灾能力的提高。唐山重建的10年是中国发生天翻地覆变化的时期，从动乱到稳定、从封闭到开放、从"以阶级斗争为纲"到"以经济建设为中心"，处于特殊历史时期的唐山重建深刻地打下了那个时代的烙印。在"收缩方针"的指导下，重建后的唐山建筑形式单调，多数建筑标准过低，一些房屋不久之后就不得不再次花费人力、物力进行改造，地方的主动性和创造性没有得到发挥。

第四节 减灾经验及影响

一、促进对地震预报工作科学认识

尽管在唐山地震前有一定程度上的觉察，如在1975年底召开的全国地震趋势会商会上，对京津唐渤张地区的地震趋势，会议认为，1976年内该区仍然存在发生5~6级地震的可能，但目前尚未出现明显的短期和临震异常；在唐山地震前，一些来自大地的信息引起了地震部门的关注，河北省地震局曾于6月下旬派出苏英俊、贾云年、黄钟、周世玖、王素吉、阎栓正等6人组成考察小组赴唐山开展震情考察工作。考察于7月27日结束，28日凌晨地震，考察组一行6人全部遇难。

但唐山地震并未能做出临震预报，这是我国开展地震预报工作以来所遭到的最严重挫折。唐山地震预报工作实践表明，地震科技的发展离地震预报科学问题的最终解决，还有相当遥远的距离，需要人们为此付出巨大而艰辛的努力，使人们特别是广大的地震科技工作者艰难地反思地震预报工作，促进了对地震预报工作的科学认识。主要体现在以下几个方面：

（1）从地震预报这一科学难题的特点来看。首先，地震发生在地壳深部，具有不可入性，迄今为止，人们还没有能力直接探测地壳深部发生的、可能与地震孕育有关的变化；其次，地震是时空尺度巨大的地质现象，经典物理学难以诠释其孕育规律；第三，地震是小概率事件，具有不可重复性，地震预报的理论、方法的检验受到限制，难以在短时间内积累起丰富的资料与经验。

（2）地震前兆现象呈现错综复杂的特征。一个较为突出的问题是异常变化与地震关系的不唯一性。"有地震，无异常"或"有异常，无地震"的情况经常发生。且在不同地区、不同类型的地震，其前兆特征也可能大不相同。

（3）地震预报问题既是一个科学问题，又是具有重大社会影响的社会问题。成功的预报会带来减少伤亡和损失的良好社会效益，错误的预报则可能给社会造成不应有的损失。这个世界性难题的解决，还要经历很长的一段历程。

二、唐山地震紧急救援的启示

（一）黄金救援时间72小时

在唐山大地震中，据某部队医疗队收治伤员人数统计，对于该医疗队收治的2377名伤员中，半小时内被救出来的救活率达99.3%，第一天内救出来的救活率为81%，而第二三天约为30%，第四天不到20%，第五天只有百分之几。人们因此得出——强烈地震发生后的三天内，也就是72小时内是黄金救援时间，这段时间分秒必争，这也是与死神赛跑的关键时刻。

（二）自救互救是关键

据不完全统计，唐山大地震中，受到埋压而获救的人数高达30多万人。而外部救援的主要力量——解放军，从唐山地震的废墟下救出的人数只有16400人。与总获救人数相比，只占很小的比例。且在解放军救出的16400人中，有15800人是驻唐部队救出的。从某种意义上说，这部分数据也可列为当地军民自救与互救的范畴。这说明得救的大多数人是由当地群众自救与互救救出来的。

依据这些数据得到这样一个结论，或许有些意外。可是，仔细分析一下，就能得出其折射的科学性。试想，当地震来临时，一排排建筑倒塌瞬间，不可能把人全部砸死。形成废墟的大块预制板、圈梁、构造柱等，或其他构件与没有完全倒平的断墙残壁，或结实的家具之间总会留下幸存者尚能存活的空间。出于求生的本能，被压埋者只要活着，就一定会想方设法从废墟里挣扎出来。自己能够爬出来的决不会等待别人来救。出来了，也很容易想到要把亲人、邻近的人救出来，这是人之常情。上述数据还说明，即使像唐山这样发生在深夜的灾难性大地震，多数被压埋的人还是有能力通过自救与互救的方式获救的。因此，一方面，各级政府和地震部门要高度重视和加强社会公众防震减灾自救互救知识教育；另一方面，社会公众也要主动了解自救互救知识，确保当灾难来临时，发挥自救互救作用。

（三）促进地震救援装备的专业化进程

在唐山地震应急救援中，由于受缺乏专门的工具等条件所限，还有不少压埋更深、压埋环境更恶劣的幸存者难以被抢救出来。往往是，明知某一堆废墟底下可能还有幸存的人，却无法探明准确位置，或者知道位置却没有办法及时、安全地搬动或移开堆积在上面的重物，没法救出埋压人员等，如此种种，更加令人痛彻心扉的例子在唐山地震救援中并不鲜见。

救援官兵扛着铁锹奔往灾区　　救援人员用铁棍撬开石块　　靠人力拖拉实施救援

回顾1976年的唐山地震救灾中，出现最多的是铁锹、木棒、吊车、担架……对于地震救援技术落后带来的苦痛，在此次地震中的体会刻骨铭心，由于缺乏专业人员和先进设备，很长一段时间内，中国只能依靠人海战术来应对自然灾害。

和30多年前唐山地震时基本上靠人力来进行救灾救人相比，现在我们在紧急救援装备上有了突飞猛进的发展。具体说来有主要有以下几个特点：

特点之一，大型、重型工程机械投入抗震救灾。

软滩路面急造车主要用于海岸滩涂、泥泞雪地、沼泽沙漠等低承载能力的路

软滩路面急造车

钢铁"穿山甲"——履带式露天钻

面，以保障轮式、履带式装备安全快速通过。它是采用聚酯材料编织而成，别看只有薄薄的 1 厘米厚，却可以承载数十吨的重量。有了它，重型装备在执行任务时遇到软滩路面时，便可以快速通过。短短几分钟就能铺设出一条十几米的应急通道，挖掘机、装载机等救援装备行驶在上面平平稳稳，可以顺利绕过了被毁路段，驰援极灾区。

坚固的救援气垫：力撑数十吨重物

在救灾途中，前方道路因地震引发的山体滑坡而中断，有众多重达几十吨的巨石横七竖八地挡在路中间，这时候就需要履带式露天钻来钻孔，将炸药填入其中进行爆破。在电动液压系统带动下，露天钻的大臂高高举起，操纵杆向巨石钻去，一分钟不到，一米深的孔就钻好了。稍稍调整一个角度，又是一阵猛钻，很快一块巨石上的布孔工作就完成了。设计独特，无需接水接电，靠内燃机的动力即可进行作业，方便、灵活、性能强大，单次钻眼仅需一分钟，能够一次打出25米深的爆破孔，高效安全。

遥感技术和航空遥感拍照

救灾工作中，找到了幸存者施救时，有时要抬起沉重的楼板。很难想象一个小小的气垫就能完成这个工作。这种气垫比枕头大不了多少，没充气时瘪瘪的，只要有5厘米的缝隙就能把它塞进去。然后用气瓶把里面的气压加到8个大气压，"气鼓鼓"的垫子就能顶起楼板了。气垫的材料相当讲究，最早人们用钢丝网添加橡胶来做，后来改用新型材料高强度芳族聚酰胺。

生命探测仪

特点之二，科技含量高。

遥感技术是20世纪60年代兴起的一种探测技术，它是根据电磁波理论，应用多种传感仪器对远距离目标所辐射和反射的电磁波信息进行收集、处理并最后成像，从而对地面各种景物进行探测和识别的一种综合技术。汶川地震发生后，在灾区通信、交通被严重破坏的情况下，科技工作者通过卫星遥感技术和航空遥感拍照，给抗震救灾指挥部及时提供了大量地面宏观灾情遥感图像，为指挥部科学评估灾情，进而采取有效救灾防灾抢险措施作出了贡献。

生命探测仪是目前世界上最先进的搜救仪器，按其探测传感器原理可分为光学生命探测仪、热红外生命探测仪、声纳生命探测仪和雷达生命探测仪等。其具有体积轻巧、携带方便、操作简单、性能优越等特点，被广泛应用于各类灾害救援活动之中。汶川地震发生后，专业救援队使用生命探测仪为挽救大量被掩埋在废墟底下的生命立下了汗马功劳。

海事卫星电话

海事卫星电话业务是通过国际公用电话网和海事卫星网连通实现的，其中海事卫星网络由海事卫星、海事卫星地球站、船站以及终端设备组成。海事卫星电话不需要地面通信设备，只需要一个笔记本大小的终端设备把信号发到空中，由空中的海事卫星系统接收后，再通过海事卫星系统把信号传输到目的地即可完成通信业务。目前海事卫星已覆盖太平洋、印度洋、大西洋东区和西区。

汶川地震发生后，常规通信设施遭到破坏失去通信功能，但海事卫星电话仍然能正常发挥作用。最先抵达汶川县城的武警某师参谋长王毅和他带领的挺进小分队，就是用海事卫星电话向上级报告了汶川受灾情况。

特点之三，全面多样。

汶川地震抗震救灾中，使用最为广泛、给公众印象最为深刻的主要是米-171直升机和米-26直升机。统计显示，此次抗震救灾期间，全军及民航系统共出动直升机99架，其中以米-171机型最多，其次为黑鹰、直-8、超级美洲豹等机型。

如果现场钢筋交错，就要看液压钳的本事了。这种钳子的体积并不大，但是由于应

直升机运送救灾物资

液压钳：张口咬断钢筋

用了液压原理，一把小小的钳子就能把钢筋一根根剪断，为营救工作赢得宝贵的时间。

医疗冰箱：恒定温度专业存放血液、药品

救灾进入治疗和防疫阶段后，灾区最缺的是药品，以及储存血液和药品的专用冷藏设备。医用冰箱是必不少的装备，其无论从外观还是功能，都与普通家用冰箱完全不同，主要包括血液保存箱、疫苗和药品保存箱。

血液保存箱是专门用于血液储存的冷藏箱，温度恒定在3~5℃之间，这个温度对血液的保存最适合。药品保存箱则是专门用于疫苗和药品储存的冷藏箱，温度

恒定在2~8℃之间，这个温度对疫苗和生物制剂的保存最适合。

三、唐山大地震促进了城市活断层探测和科学研究工作

唐山地震之所以造成如此大的灾难，除了震级大以外，穿过唐山市区的5号断层产生错动，地面水平位移1.5米，也是造成该市遭到毁灭性破坏的一个重要因素。除了唐山地震，1995年日本阪神6.9级地震、1999年台湾集集7.6级地震和土耳其7.4级地震，震害现场都显示，凡位于断层上的建筑物或横跨断层的道路、桥梁、水渠等构筑物普遍遭到毁灭性的破坏。

活断层是地震发生的元凶，也是导致灾害加重的重要原因。因此，世界各国都十分重视城市活断层探测与研究工作。美国在1994年洛杉矶北岭地震后，在该区开展了大规模的活断层探测；日本在1995年阪神地震后，加强了内陆活断层的研究，在原有投入的基础上又追加了6719亿日元，对8个地区的主要活断层进行紧急调查研究，并针对活断层在东京等地区实施三大城市密集区的综合地球物理探测计划。

改革开放以来，作为国家"十五"重点项目，国家投资数十亿元，确定在全国20多个大城市开展活断层探测研究工作，目前已通过国家发展改革委的立项，进入可行性阶段。与此同时，一些省辖市政府从研究城市建设科学规划出发，投资开展了这项工作，如我省的滁州市、合肥市等先后开展了城市活断层探测。

四、促进城市抗震设防工作

地震前的唐山市，基本上是一个对地震不设防的城市，在城市建设方面尤为严重。由于历史的原因，震前唐山市家庭住宅、厂矿企业修建的厂房、工业设施和其他构筑物，都很少考虑抗震设防问题。

唐山市区的建设布局和建筑用地选择也不合理。道路过于狭窄、弯曲。丁字路口多，交通不畅，易于堵塞。城市建筑物之间空地少，不便于地震发生时人口的迅速疏散，给震后救灾也带来极大的困难。

地震前，唐山市民房有80%是焦砟顶平房，屋顶过重且结构不合理。有20%多层砖混结构的楼房，多采用钢筋混凝土短向空心板搭在砖砌承重横墙上，经不

起地震时的晃动。唐山的医院、供水、供电、通信、消防等城市生命线工程，没有在抗震设防方面采取措施，地震中丧失功能，其本身既是灾害的重要组成部分，也给震后短期内的救援工作带来极大不便。

建筑和人口的高密度也加剧了这场灾难。唐山地震的宏观震中区恰为建筑密度高达70%、人口密度为每平方千米1.54万的路南区，昔日楼房林立的市区震后建筑物基本上都已散架落地，各种设施的破坏都十分严重。

唐山大地震已经过去30多年了。在新唐山建设中，吸取了"7·28"地震的教训，进行了严格的地震区划工作，各种建筑场地的位置，选择在对抗震防灾有利的地段；严格按国家规定的基本烈度设防，对生命线工程采取加固措施；加强了结构抗震的研究，正确选择了结构形式；采取措施防止次生灾害发生。新唐山在重建过程中积累了大量的抗震设防工作经验，成为全国许多大中城市规划和建设的殷鉴。

第四章　丽江——一座古城的悲情诉说

第一节　丽江地震的基本概况

一、地震事件

1996年2月3日19时14分18秒，丽江地区（北纬27°18′，东经100°13′）发生7.0级地震，震中位于国家地震局滇西地震预报实验场区北缘，距丽江县城北约20千米，震源深度10千米，地震造成严重破坏和损失。主震发生后又发生余震2529次，最大的一次为6级。地震波及范围相当大，丽江、鹤庆、中旬、剑川、洱源等地建筑物遭受不同程度的破坏。丽江市城区及附近地区约20%的房屋倒塌。受灾乡镇51个，受灾人口达107.5万，重灾民有30多万。伤亡人数为17221人，其中309人丧生，3925人重伤；房屋倒塌35万多间，损坏60.9万多间；粮食损失3000多万千克。

丽江地震中倒塌的房屋

二、构造特征

丽江市位于滇西北中部，地处川滇菱形块体西南面和我国西南几个大地构造单元交会处，断裂构造十分发育，长期以来，构造运动十分强烈。这些断裂的活动影响和控制了丽江市的现今地震活动，市内有丽江—剑川地震带、中旬—丽江地震带、永胜—宾川地震带、木里—宁蒗—华坪地震带。

据有记载的1481年以来，市内及邻近地区就发生过6级以上地震24次，最大地震为1515年永胜7级地震。市内一直是地震高发区，地震多、强度大、震源浅、灾害重。历史上全市一区四县都发生过5.0级以上地震，仅1991年以来就发生过5级以上地震13次。

三、烈度分布

这次地震有感范围较大，北至四川省甘孜州的乡城县，南到云南省的思茅地区，东迄昆明，西达中缅边界。经专家考察，宏观震中在丽江县城以南25千米的上黑水至玉湖之间。最高烈度为Ⅸ度，区内有Ⅹ度破坏异常点。

本次地震造成的人员伤亡和建筑物破坏有以下特点：①在极震区，纳西族民房木框架及瓦体破坏不大，但墙体破坏严重；②砖木、砖混房屋外观受损不大，但内阁墙破坏严重，"Ⅹ"剪裂发育；③丽江县城及以北居民点密集区，破坏程度相同，严重破坏区呈条带状，片状展布。

这次地震，烈度Ⅵ度以上破坏面积18720平方千米，震中烈度达Ⅸ度。

Ⅸ度区：北起丽江县大具以北，南到丽江城区以南的漾西，东起丽江县的文化、大东一线，西达丽江的文海、玉龙雪山一线，面积约1225平方千米。Ⅸ度区内的孟山乡新团六队，白桦开文、中海和白沙乡开文为Ⅹ度破坏异常点；大具乡的波丽落村和雪花村、鸣音乡西菜板村为Ⅷ度异常点。丽江县城大研镇震害分布很不均匀，震害总体达Ⅷ度，古城百岁坊一带为Ⅸ度破

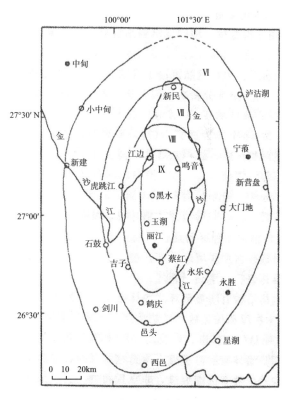

丽江地震烈度分布图

坏，新华街道办事处破坏较轻；新区城中大量按Ⅷ度设建的房屋，大多基本完好和轻微损坏，城郊房屋也有达Ⅸ度的地方。

Ⅷ度区：北至丽江县北端的高寒，南到大理州鹤庆县的辛屯附近；东迄宁蒗县石门坎，西达丽江县龙蟠、星明。面积2438平方千米。区内的丽江县拉市乡梅子村为Ⅸ度异常点。

Ⅶ度区：北至丽江县奉科（新民）以北，南达鹤庆县河底、邑头，东迄宁蒗县西川乡，西达丽江石鼓镇附近。面积约4251平方千米。区内的鹤庆县城云鹤镇表现为软土场地远震破坏特征，丽江县太安乡汝南村为Ⅷ度异常点。

Ⅵ度区：北至迪庆州中甸县洛古与宁蒗县永宁以北，南到鹤庆县的松佳西邑以南，东迄宁蒗县新营盘战河一线，西达中甸县小中甸与丽江黎明以东。面积10906平方千米。

Ⅵ度等震线以外还有多出Ⅵ度异常点，甚至在远离Ⅵ度区的怒江州兰坪县的河西乡和通甸乡、宁蒗县的跑马坪乡、华坪县中心镇和中甸县大中甸镇等地还出现Ⅵ度破坏现象。

四、灾情特征

这次强烈地震发生在滇西北纳西族、白族、藏族等少数民族聚居的高山峡谷地区。地震中破坏最严重的是民族土木结构房屋，砖木结构房屋次之，砖混与框架结构房屋相对较轻，按Ⅷ度设防且施工质量好的房屋，震后基本完好或仅有轻微破坏。

地震中受损的房屋

电力、交通、通信以及水利等设施遭到了严重破坏。冲江河电站严重受损，停止供电。滇藏公路214线上的鲁南金沙江大桥桥面开裂，整体结构下沉。地震造成直接经济损失达40多亿元。作为国家级历史文化名城的丽江纳西族自治州纳西县的民族风貌和人文景观也受到地震的危害。死亡人数达290人，占死亡总数的90%；重伤3736人，占重伤总数的95%。地震时，正在举世闻名的虎跳峡大峡谷游玩的中外游客也感受到地震。

第二节　地震应急与处置

一、政府响应

地震发生后，当地各级政府迅速开展了救灾工作。云南省地震局立即召开紧急会议，部署大震应急工作。成立前后方指挥部，分别由晏凤桐局长、何希虎副局长任前后方指挥长。迅速组织15人携带4套数字化地震仪、5台强震仪、6辆车连夜赶赴震区，20名科技人员于4日乘飞机到达地震现场。

2月4日晚，国家地震局局长陈章立随中央慰问团抵达震区，并对指挥部作了指示。2月5日国家地震局震害防御司辛书庆副司长等9人工作组到达震区帮助指导工作。参加前方指挥部工作的人员达到71人，车12辆、"386"和便携式微机各一台、GPS仪和摄像机各一部，架设了4个数字化地震台和3个强震台，迅速修复了丽江、中甸和永胜3个遥测台，保证了地震序列记录的完整无误。

二、社会响应

地震发生后不到20分钟，丽江玉龙雪山省级旅游开发区管理委员会及开发总公司负责同志连夜组成了抗震救灾指挥组，分开发区、古城区两个工作组察看灾情。到2月4日凌晨2时许，全面掌握了开发区建设项目的受损情况和职工的受灾情况，并及时到地委、行署汇报情况。第二天，全部机关职工自觉到单位抗震救灾，没有一个人离岗。1996年2月5日正式恢复正常的工作。在震中和震后，旅管委、总公司主要领导和企业主要负责人先后四次到受灾职工家中挨家挨户慰问。同时，在自己受灾的情况下，响应地委、行署的号召，发动职工捐款捐物，并把收捐的4670元和320多件衣物交给民政部门。大地震使开发区的"五通"（通水、通电、通路、通信、通排污）基础设施受到不同程度的破坏，设施无法正常启用，仅基础设施一项直接损失就达476万元。旅管委、总公司不坐等上级救灾，自助自救，上半年就修复了全部受损的基础设施。云杉坪旅游索道于震后第4天，即2月7日恢复营运；白鹿旅行社2月27日接待了上海旅游团，成为震后第一家接待团队的旅行社；雪花山庄4月8日开业，是丽江震后第一家开业的新建酒店；玉龙雪山旅游索道6月29日正式开工建设，为丽江旅游业的恢复和发展做出了突出的贡献。

地震发生后，国际红十字会、日本、香港地区、台湾地区等地提供了紧急援助。1996年2月11日，云南省共收到的国内外捐赠款人民币1.14亿元、港币1.02亿元、美元70万元、日元1.003亿元、马克500万元。十几架次外国专机和香港九龙航班等运送了各种救灾物资近百吨。

三、媒体响应

灾难过后，丽江人沉着应对、科学谋划，借助全球关注地震的机遇，对外大力宣传。在大地震发生后的数月间和大地震一周年、两周年、三周年的时候，丽江市政府高度重视并有计划、有目标地做好地震新闻宣传工作，使丽江成为海内外新闻媒体中出现最频繁、最响亮、最吸引人的字眼。海内外新闻媒体长时间持续的宣传报道，不仅把丽江地震大灾难的重大损失真实报道了出去，引来海内外的广泛同情和大力援助，而且海内外新闻媒体的长期关注和不断深入报道同时将丽江壮美秀丽的自然风光、神奇的民族风情、古老的民族文化等旅游资源也宣传了出去，极大地提高了丽江在海内外的知名度，为丽江今后发展旅游业和招商引资创造了条件。

四、丽江悲情

今天，来自世界各地的游客赞叹于丽江古城的小桥流水、古街小巷，丽江也处于它的快速发展期。但在1996年2月3日晚，7.0级地震袭来，丽江一时间残垣断壁，容颜失色。令人揪心的是，当时的丽江古城正进入申报世界文化遗产的关键阶段。

1995年11月丽江申报世界文化遗产。12月3日，丽江发生7.0级大地震后，联合国教科文组织就打电话来询问准备取消这个申请，因为7.0级是严重破坏性地震，他们估计丽江古城可能被地震严重破坏了。

"当时大家都很绝望，也曾有人建议完全推翻，重建古城。专家来考察后，觉得古城的基本格局并未受到破坏，恢复原貌还有机会……很幸运，我们选择了保持原貌、修旧如旧的重建方针，并借此契机将原来部分风貌不协调的建筑进行了拆迁改造，提升古城基础设施水平和历史文化内涵，使古城完好保存下来，并成为当今的世界名城之一。"丽江市建设局有关人员介绍，丽江市位于地震频繁活动区域，因此当地政府在重建过程中专门针对房屋防震进行了相应建筑处理，为这座著名的古城提高了防震保险系数。

按计划，丽江的重建要三年，实际只用两年多的时间就完成了。

1997年，丽江市成功地被联合国教科文组织批准列为"世界文化遗产"城市，填补了我国在"世界文化遗产"中无历史文化名城的空白。从废墟中站起来的丽江古城格外珍视"世界文化遗产"的殊荣，在十几年的发展中，始终将保护放在第一位。

从20世纪90年代开始，为了保存古城的风貌，改善古城居民的居住环境，丽江市决定将古城里的机关和企业搬迁出来，仅此一项，当时财政收支入不敷出的地方政府就投资了1.6亿元。为了维持古城居民的稳定，政府又多方筹集资金，投入200万元发放居民生活补助……

大力度的保护需要持续的资金注入。2002年，丽江市政府与昆明鼎业集团达成协议，确定了"丽江束河——茶马古镇保护与发展"的合作项目。

如今，这里传承着春耕秋收，传承着田园牧歌，传承着浣衣炊烟……成为世人向往的"都市田园"。

五、灾后重建

1996年、1997年为重点恢复重建阶段，其工作的重点是农村民房、教育、卫生、基础设施、部分党政机关、事业单位及与人民生产、生活密切相关的部分工商企业的恢复重建；1998年为利用贷款、重点恢复增强企业活力，检查验收收尾阶段。三年恢复重建的内容包括农村民房、基础设施、丽江古城、教育、卫生、重要工业企业、机关事业单位、旅游、公检法司社会福利、消防、商贸、金融等方面，共需资金31.19亿元。其中，国家及省补助8.84亿元，系统及单位自筹12.35亿元，捐赠款0.31亿元，引入贷款1.79亿元，国内银行贷款7.84亿元。

1996年重点是恢复重建保障灾区群众生产、生活关系重大的工程，如民居恢复、文教、卫生等完成投资5.76亿元；1997年以教育、卫生、农田水利为重点，全面开展恢复重建工作，投入重建资金20.48亿元。1998年进入扫尾阶段，投资4.95亿元用于扫尾工程及基础设施的修复和完善。

第三节　减灾经验及影响

一、古建筑——木制房屋抗震性能好

丽江地区有很多二层的木楼，在耐震防震中起到了很大的作用，大大减轻了地震灾害损失，以下是关于木结构建筑防震的资料，重点介绍木结构房屋抗震性能和特点，可在一些森林资源丰富的地区推广此类民居建设。

古老的木结构建筑在地震中有什么优势呢？木结构的优势在于它的韧性大，且因木结构别墅的箱式结构将力均分，自身结构轻，又有很强的弹性回复性，对于瞬间冲击荷载和周期性疲劳破坏有很强的抵抗能力，所以在大地震中吸收的地震力小，结构在基础发生位移时可由自身的弹性复位而不至于发生倒塌。在日本神户和美国洛杉矶的大地震中，木结构别墅稍微变形而绝不倒塌。即使在强大的地震力下，木结构别墅被整体推前了数米或地震力使其抛离了基础，仍完好无散架。由此证明了木结构别墅在各种极端的负荷条件下，其结构的抗地震稳定性能和结构的完整性。日本政府在神户大地震后明令所有的民用住宅必须采用北美的木结构别墅。同时在日本实施了JAS的建筑标准。所以在所有结构中木结构建筑具最佳抗震性。用现代的建筑材料对木结构的别墅进行内外装修，对别墅的木结构实行完善的保护（例如用呼吸纸包裹木结构的外表面，使结构中的湿气能顺利排出，又避免外界的雨水侵入内部结构。外露的木结构进行必要的防腐处理等）已使木结构别墅的使用寿命达到70年以上。木结构的别墅结构轻，抗沉降，抗老化，完全接受地球磁场。在使用和维护得当的前提下，木结构中的木材是稳定

的、寿命长、耐久性强的主结构材料。像大家熟知的北京故宫等皇家木结构建筑，亦经历数百年。所以，在地震带生活在木结构的房屋里，会给您一种不怕天摇地动的安全感。

中国的古代建筑，几千年来形成了以木结构为主的建筑体系，用木柱、木梁、木屋架来搭建成遮雨避风防日晒的房屋。小到每家每户的住房，大到皇帝的宫殿楼阁，甚至高塔都是完全用木头建造的。因为古代中国到处是茂密的森林，取材很容易，但另一个重要原因就是中国这块地方是多地震地区，经常发生地震，地震一来，山崩地裂，人们无法抗拒，石头、砖块叠起的建筑，以前还没有发明水泥能牢固地把这些散块的材料凝结在一起，地震一震全都震垮了。中国古人经过长期的实践，从血的经验中，创造出这种木构体系的建筑。木材是建筑材料中较为轻巧的，木材也富有弹性，又便于加工。用木材做成的柱、梁、屋架的构架结合都是在木材本身开挖槽孔，做出榫头，用卯榫相互连接。

古代许多木结构房屋一根铁钉也不用的，浙江宁波河姆渡考古发掘中，早在6000年前就有卯榫结构的木屋架了。这种用木材用卯榫搭建的房屋整体是牢固的，从结构体系上说却是柔性的，而不是刚性的，因为所有的构件的节点都是绞结的，就像人的关节，可以允许小的活动的。一些大型建筑，柱顶上支撑着一个大屋顶，而这些屋顶的支点都是落在一个个斗拱上，这些斗拱也是用一块块木头做成特殊的构件，巧妙地搭接在一起，托住了巨大厚重的屋顶。发生地震时，这些木构架的柱子和梁架，柱头的斗拱就充分发挥出柔性的作用，可以减弱或抵抗地波。古代谚语说"墙倒柱不倒，房塌屋不塌"就是科学地说明了这些道理。

像天津蓟县独乐寺观音阁建于辽代统和二年（公元984年），距今已有千年历史，经历了多次地震，特别是1976年唐山大地震，它巍然不动，只有墙体有些裂缝。山西应县木塔也经历了多次地震，依然完好地耸立着，木塔下面几层承重的木构件经多年的重压都已经变了形，但整个构架还是保持着原本的姿态。1976年唐山大地震，整个城市都毁了，被震毁的房屋大都是20世纪50年代以后盖的没有防震措施的砖石混合结构的排排房，这种房屋墙用砖块叠砌，上铺混凝土楼板，四层、五层，地震一来砖墙一垮楼板就塌，五层楼一下子全震塌了，而一些木结构的农村房屋很多没有塌。

另外一个例子就是丽江。丽江全是中国传统木结构房屋，木柱梁、木屋架，房屋一排排相互连着，屋顶上都铺的瓦片，地震一来瓦就会有响声，人就得到警报，就可以逃生，最重要的是木结构能抗震，就没有发生毁灭性的破坏。联合国教科文组织派了专家去考察，丽江依然保持了它昔日的风采，1997年与平遥古城、苏州古典园林一起进入了世界遗产名录。

二、城市建设必须走综合防御的道路

这次地震前，地震部门已有明确的中短期预报，但是地震前未做出临震预报。这次地震发生在1996年度全国地震趋势会商会所圈定的重点危险区内。1996年1月18日国家地震局在国务委员宋健主持召开的十几个部委工作汇报会上明确提出中甸、丽江、剑川等一带为1996年6～7级地震的危险区，1月21日国家地震局以重大震情动态将上述意见报告了中央及国务院各位领导。关于震前短临预测，国家地震局专家组会同云南、四川两地专家，在1995年年底就确认1996年2月底以前在云南及邻区存在发生5～6级地震的危险，向云南省政府做了报告，对此云南省委书记高严亲自做出批示。1996年1月31日云南省地震局在月会商意见中准确判定异常发展已进入临震阶段，但在发震地点上判断失误。虽然提出滇西北地区亦应注意，却只是把这一消息用电话通知了滇西南各地州，可以说临震预报欠"临门一脚"。其预报过程基本上反映了当前的地震预报水平，它既表明了实现地震预报的可能性，也说明了要达到准确预报的困难，为此我们在不断加强地震预报工作的基础上，应进一步强化走综合防御的道路。

在震害防御方面，震区大量的民族土木结构房屋由于是非抗震结构，在这次地震中破坏严重；而震区按Ⅷ度抗震设防建造的砖混和钢筋混凝土结构的房屋，大多基本完好和轻微损坏，经受住了这次7.0级地震的考验。生命线工程的抗震设防，在这次地震中也基本经受住了考验，通信、交通恢复较快，供电、供水一定程度保障，特别是按Ⅸ度设防要求新建的丽江机场完好无损，保障了抗震救灾的顺利进行；地震瞬间停电，避免了因电起火等次生灾害的发生。可见有设防和无设防是有质的区别的。今后新建工程的设防标准和地震小区划的工作应尽快研究，作为重建规划的抗震设防依据。在地震应急和救灾方面，这次地震后，从中央到地方的各级政府实施了快速救灾响应。震后不到24小时，中央慰问团就赶到了灾区，并立即采取了紧急救援措施；国家地震局震后1小时进行了震情会商和对策研究，并立即组织专家组奔赴灾区现场；云南省地震局在震后立即启动了大震应急预案，现场工作队在震后6小时就赶到现场，进行震情监视和震害调查，并较成功地预测了几次余震；当地各级政府也都在震后尽可能快地成立了应急指挥组织，指挥地震应急工作。由于中央与云南省政府对救灾工作快速有力的决策和各部门与灾区地方政府大震应急预案的实施，大大减轻了这次地震的次生灾害。

总结这次地震灾害的经验教训，今后需要各级政府进一步加强对防震减灾工作的领导，尽快健全或完善防震减灾工作体系，抓紧建立与健全中央和地方两级防震减灾的法规，做好工程抗震设防及其场地地震安全性评价以及震害预测工作，还要不断修订、完善破坏性地震应急预案，科学有效地增强宣传工作力度，强化走综合防御的道路，共同将可能出现的震灾损失减少到最低限度。

第五章　汶川——综合减轻灾害的崭新探索

第一节　汶川地震的基本概况

一、地震事件

汶川大地震发生于2008年5月12日14时28分04秒，震中位于中国四川省阿坝藏族羌族自治州汶川县。根据中国地震台网测定，此次地震的面波震级达 $M_S 8.0$、矩震级达 $M_w 8.3$，破坏地区超过10万平方千米。极震区地震烈度达到XI度。地震波及大半个中国及亚洲多个国家和地区。北至辽宁，东至上海，南至香港、澳门地区和泰国、越南，西至巴基斯坦，均有震感。

二、构造特征

印度洋板块向亚欧板块俯冲，造成青藏高原快速隆升。高原物质向东缓慢流动，在高原东缘沿龙门山构造带向东挤压，遇到四川盆地的顽强阻挡，造成构造应力能量的长期积累，最终在龙门山北川—映秀地区突然释放，从而发生逆冲、

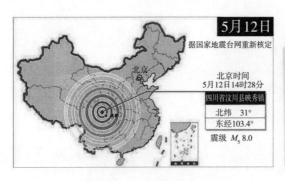

四川汶川县8.0级地震震中示意图

汶川地震造成的错动

右旋、挤压型断层地震。汶川特大地震发生在地壳脆韧性转换带，震源深度为10～20千米，与地表近，持续时间较长，因此破坏性巨大，影响强烈。

三、烈度分布

汶川地震Ⅵ度区范围包括震中50千米范围内的县城和200千米范围内的大中城市，除黑龙江、吉林、新疆外均有不同程度的震感，甚至泰国曼谷、越南河内和菲律宾、日本等地均有震感。

汶川地震的震中烈度高达Ⅺ度，汶川地震的Ⅹ度区面积则约3144平方千米，呈北东向狭长展布，东北端达四川省青川县，西南端达汶川。

Ⅸ度以上地区破坏极其严重，其分布区域紧靠发震断层，沿断层走向成长条形状。其中，Ⅹ度和Ⅸ度区的边界受龙门山前山断裂错动的影响，在绵竹市和什邡市山区向盆地方向突出，都江堰市区也略有突出。

汶川地震的Ⅷ度区域面积约27787平方千米，西南端至四川省宝兴县与芦山县，东北端达到陕西省略阳县和宁强县；Ⅶ度区面积约84449平方千米，西南端至四川省天全县，东北端达到甘肃省两当县和陕西省凤县，最东部为陕西省南郑县，最西为四川省小金县，最北为甘肃省天水市麦积区，最南为四川省雅安市（也是2013年地震之地）雨城区。

Ⅵ度区的面积大约为314906平方千米，一直延续到重庆市西部和云南省昭通市北端，其西南端为四川省九龙县、冕宁县和喜得县，东北端为甘肃省镇原县与庆阳市，最东部为陕西省镇安县，最西为四川省道孚县，最北达到宁夏回族自治区固原县和海原县，最南为四川省雷波县。

在龙门山前盆地边缘的过渡带，汶川地震的烈度向东衰减很快，西侧则衰减相对较缓。同时，汶川地震烈度分布的南北也不对称：Ⅷ度区和Ⅶ度区范围向四周扩大，呈现为北东向的不规则椭圆形，且相同烈度的区域在北部比南部大，进入甘肃省和陕西省境内，显示出断层破裂向北东方向传播，最大余震发生在断层北部。

四、灾情特征

（一）地震灾害特别严重

此次地震造成69227人死亡，17923人失踪，374643人受伤。汶川大地震是新中国成立以来破坏性最强、波及范围最大的一次地震，地震的强度、烈度和救灾难度都超过了1976年造成24.2万人死亡的唐山大地震，是继唐山大地震之后死亡和失踪人数最多的一次地震。

中国地震研究及地质灾害研究专家分析了汶川地震破坏性强于唐山地震的主要原因。

第一，从震级上可以看出，汶川地震稍强。唐山地震国际上公认的是7.8级，汶川地震是8.0级。第二，从地缘机制断层错动上看，唐山地震是拉张性的，是上盘往下掉。汶川地震是上盘往上升，要比唐山地震影响大。第三，唐山地震的断层错动时间是12.9秒，汶川地震是22.2秒，错动时间越长，人们感受到强震的时间越长，也就是说汶川地震建筑物的摆幅持续时间比唐山地震要强。第四，汶川地震波及的面积、造成的受灾面积比唐山地震大。这主要是由于断层错动的原因，汶川地震是挤压断裂，错动方向是北东方向，也就是说汶川的北东方向受影响比较大，但是它的西部情况就会好一些。汶川地震波及面积大，几乎整个东南亚和整个东亚地区及部分中亚地区都有震感。汶川地震错动时间特别长，比唐山地震还长，这就是为什么唐山地震虽然死亡人数多，但是实际上灾害造成的影响不如汶川地震大。第五，汶川地震诱发的地质灾害、次生灾害比唐山地震大得多。唐山地震主要发生在平原地区，汶川地震发生在山区，造成的次生灾害、地质灾害的种类很多，如地震破坏性比较大的崩塌、滑坡和堰塞湖等。

汶川县映秀镇震后全景

（二）次生灾害严重

此次地震能量巨大，造成大量的山体滑坡、崩塌、泥石流、地表变位等地质灾害，大量的山体崩塌，堵塞河道，形成堰塞湖。唐家山堰塞湖是汶川大地震后形成的最大堰塞湖，地震后山体滑坡，阻塞河道形成的唐家坝堰塞湖位于湔河上游距北川县城约6千米处，是北川灾区面积最大、危险

唐家山堰塞湖

最大的一个堰塞湖。库容为1.45亿立方米，坝体顺河长约803米，横河最大宽约611米，顶部面积约30万平方米，由石头和山坡风化土组成。青川县青竹江石板沟一带也形成蓄水1200多万立方米水的堰塞湖，威胁着下游数万人安危，被水利专家定为高危湖。

（三）经济损失特别巨大

这次汶川8.0级地震造成的直接经济损失8451亿元人民币。四川损失最严重，占总损失的91.3%，甘肃占5.8%，陕西占总损失的2.9%。国家统计局将损失指标分三类：第一类是人员伤亡问题，第二类是财产损失问题，第三类是对自然环境的破坏问题。在财产损失中，房屋的损失很大，民房和城市居民住房的损失占总损失的27.4%。包括学校、医院和其他非住宅用房的损失占总损失的20.4%。另外还有基础设施，道路、桥梁和其他城市基础设施的损失占总损失的21.9%，这三类损失是占比例比较大的，70%以上的损失由这三方面造成的。

震后的北川县城

第二节 地震应急与处置

一、政府响应

汶川地震发生后2小时25分钟，国务院总理温家宝立即赴震区指挥抗震救灾工作。总参谋部立即命令有关部队迅速展开抗震救灾工作，总参谋部指示有关抗震救灾部队，紧急灾情和有关情况可直接向设置在北京的指挥部报告，以减少指挥环节。

各军区的官兵集结灾区，展开救援

成都军区迅速派出三架直升机紧急赶赴汶川现场救援。四川省军区派出的300名官兵前往救灾一线。当日，成都军区向灾区各个方向派出的救援人员已达6100人，很多部队都在很短时间内迅速响应，开进震区开展救援。成都军区派出由副司令员带队的一线指挥所开进至都江堰附近，因道路损毁受阻。有关部队在都江堰展开紧急救援。

2008年5月12日，随着党中央、国务院的一声令下，举国上下，万众皆应，众志成城，气壮山河，势不可当！滚滚洪流，汇成13亿中华儿女共御天灾的伟大的抗震救灾精神！中国也因此进入了黄金救援72小时的汶川时间，时隔多年以后，我们不妨再次重温那感天动地的救援时刻。

5月12日救援时间表

19:30　成都市区上千辆出租车自发地奔赴都江堰灾区，参与抗震救灾。

20:02　空军两架伊尔76军用运输机从北京南苑机场起飞，运送国家地震救援队175人飞往灾区。

20:00　武警四川总队阿坝支队向汶川灾区出发。

深夜　第三军医大学紧急抽调联合应急医疗队赶赴四川灾区。

5月13日救援时间表

凌晨 医疗队到达四川德阳灾区一线，迅即开展救灾工作。

1:12 成都军区空军派赴四川省汶川县地震灾区查看灾情的4架军用直升机遭遇恶劣天气被迫返航，当地当时正在下着大雨。

2:30 公安部消防局调派重庆等10个消防总队1060名消防官兵和30条消防搜救犬赶赴四川地震灾区，开展救援工作。

3:00 公安部紧急从公安边防部队抽调200名、从公安消防部队抽调100名医务人员组成医疗救援队，连夜飞赴四川地震灾区救治伤员。

3:24 武警部队已出动13000余名官兵急赴灾区抗震救灾。同时，正在待命的某机动师4600名官兵已做好出发准备，随时执行抗震救灾任务。

4:00 云南边防总队启动紧急预案，成立由总队长那顺巴雅尔为组长的抗震救灾领导小组，连夜抽调医疗救护队，紧急调运价值15万元医疗药品，迅速赶赴四川灾区现场。

清晨 800余名部队官兵已赶赴汉旺镇展开救援工作。

5:40 成都军区两支救援部队的800多名官兵抵达地震灾情严重的绵竹市，随后分赴灾区各乡镇展开救援工作。

6:00 重庆的医疗救援队到达德阳，负责协助德阳市和绵竹市的医疗救援工作。

6:30 驻灾区的解放军和武警部队已投入16760人，其中军队11760人，武警5000人。13日还将计划使用20架军用飞机输送兵力至灾区。

7:00 "河南省消防总队抗震救灾应急救援队"紧急启程，奔赴四川地震灾区开展救援工作。

7:00 武警部队已向地震灾区投入兵力13820人，救出受伤人员1800余人。

7:00 总指挥温家宝再次召开国务院抗震救灾指挥部会议。他强调，务必要在今天晚上12时以前打通通往震中灾区的道路，全面开展抗震、抢险、救人工作。

7:00 武警部队共投入20460名兵力参加四川地区抗震救灾。

7:30　重庆市公安消防部队由200名官兵、25辆消防抢险救援车组成的应急救援队紧急开赴四川汶川地震灾区，执行救灾任务。

7:30　成都军区赴汶川先遣部队通过海事卫星电话，向成都军区驻都江堰前线指挥所报告：都江堰通往汶川的213国道出现10余处塌方，机动车辆基本不能通行。先遣部队距离汶川75千米处。

8:00　济南军区援助汶川地震灾区先遣人员160人从济南乘专机奔赴灾区，包括济南军区和所属两个集团军的先遣指挥组25人以及5支医疗队135人。

8:22　济南军区某旅1000余名官兵乘列车开赴灾区。

9:00　总参谋部命令济南军区某机械化步兵师参加救灾的10000名官兵，由铁路输送改为空运。为弥补空军运力，总参谋部正在协调民航部门，调用民航飞机输送救灾部队。

10:55　运载72名空降兵官兵的4019号空军专机在绵阳机场缓缓降落。从1000多千米外机动而来的官兵，迅速投入到灾区的抗震救灾之中。

11:00　公安部发布地震灾区最新道路情况。

上午　成都军区空军2000余名官兵分别奔赴都江堰、彭州灾区，投入抗震救灾。

12:00　救治1000多名伤病员，还有两三百人在临时救治中心接受治疗。

12:00　武警部队共投入兵力20000人参加抗灾救灾。已到位4190名，机动途中9810名，预备队6000名。

12:00　搭载1400名官兵的7架伊尔-76型军用运输机和2架运八型军用运输机已陆续到达成都，部队在机场收拢后马上开赴灾区。

12:00　由四川省军区司令员夏国富率领的精干小分队，从都江堰出发辗转理县，徒步跋涉，已抵达震中汶川县。

12:00　四川省军区副司令员李亚洲带领100名士兵突击队员、120名应急民兵预备役人员，抵达汶川县。

中午　武警部队司令员吴双战率领机关有关人员到达成都后，前往都江堰、德阳等抗震救灾现场慰问官兵，对部队检查指导。

13:00　总参谋部调集的两架遥感飞机已经到达成都太平寺军用机场，并做好起飞准备。但因天气原因，原飞行计划推迟，机组人员在机场待命，天气好转后再飞至灾区拍摄灾情图片。

14:30　因为汶川地区持续暴雨，空降某军特种大队派出的一个伞兵侦察连未能按原定计划执行伞降侦察任务，伞降行动被迫取消。

15:00　云南省调集的100名消防官兵从滇池路昆明市特勤一中队出发，准备经云南的昭通入川与来自全国的1000多名消防救援人员集结后赴汶川县救援。

17:00　总共有6列军列从昆明赶赴灾区救灾。

17:00　北川县城大部建筑垮塌，救援部队车队仍然无法前行。

17:00　武警部队共投入20460名兵力参加四川地区抗震救灾。武警部队共搜救、挖掘被压埋群众、抢救伤员4130名，转移疏散群众3万余人。

19:10　济南军区摩托化开进的铁军部队秋收起义团300人先头部队已到达四川广元。另有900名官兵乘6架飞机飞往成都，第一架已于16时20分着陆。

22:30　武警某机动师600余名官兵正在冒雨徒步赶往汶川，距汶川仅9千米，有望1小时内赶到汶川灾区。

23:15　武警驻川某师200人在师参谋长王毅的带领下，由理县强行军90千米，到达汶川县城，成为第一支到达汶川县城的抢险救灾队伍。

5月14日救援时间表

8:00　武警部队已有900余名官兵在汶川县城展开救援。

9:00　全军军交运输系统已输送救灾部队近30000人，运送救灾帐篷、担架等设备器材约1.2万（件）、军用食品和物资800余吨、燃油6380吨。

9:00　成都军区某集团军的徐勇军长乘坐直升机于当天上午到达茂县落地。

9:00　武警水电三总队100余名官兵携30余台机械和车辆，经过27小时奋战，终于抢通从马尔康到理县的公路。

9:20　成都军区某红军师的500名官兵昼夜兼程，徒步开进到达茂县，展开救灾工作。

10:00　二炮首批紧急驰援地震灾区的救灾物资已运抵四川绵阳。

11:20　成都军区共出动官兵和民兵预备役人员3万余人，并全面展开救援行动。

12:00　进入汶川的武警部队报告：县城社会稳定，但房屋倒塌和人员伤亡情况严重。急需手术器材、血浆和急救药品及食品、饮用水、棉被和帐篷等。20100名空降兵已安全空降至茂县。返航飞机已于12时50分在成都安全着陆，准备执行新的空运任务。

12:30　由四川省阿坝军分区夏司令员等率领的后续抗灾部队480多名官兵和应急民兵，以及医护人员，抵达汶川后，与前日抵达汶川的部队会合，已疏散抢救民众10000多人。

13:34　三个架次飞机已向汶川投递抗震食品、帐篷和设备。

14:00　从北京、上海和西安机场出动10架运输机，向四川空运50支军队医疗队共计1500名医疗人员。飞机降落地将大部集中在成都双流机场。

14:15　第一组云南省搜救部队的官兵带着搜救犬进入都江堰市区中医医院，对倒塌的医院住院部大楼下的死伤人员进行搜救。

14:30　总后勤部紧急增派的50支医疗队从南苑机场起飞赴地震灾区。总后勤部部长廖锡龙到机场送行。至14日止，全军已派出70支医疗队赶赴灾区。

下午　由北京军区总医院90名医护人员和北京军区第261医院30名医护人员组成的医疗救援分队，从南苑机场乘专机前往四川地震灾区。由30名医护人员组成的成都军区医疗小分队乘直升机飞抵汶川县城，展开紧张救援。

14:00　国防部新闻发言人表示，经中央军委批准，从济南军区、成都军区再抽调32600名官兵，火速赶赴灾区增援。

15:00　在茂县成功伞降的15名空降兵着陆后，迅速与茂县县委、县政府取得联系，第一次传回了茂县灾情。

15:10　成都军区某集团军后续部队的500名官兵抵达汶川映秀镇，展开救灾行动。

15:23　由北京军区某工兵团等组成的国家地震灾害紧急救援队，在都江堰市的"硬骨头"地段的废墟中，已经成功救出27名幸存者。

15:45　南京军区6支医疗小分队从上海起飞，预计2小时后飞抵成都。小分队由外科急救专家和卫生防疫专家组成，携带价值100多万元的药品、机械。

16:00 兰州大学第二附属医院医疗救援队已经奔波近500千米，到达陇南市成县。

16:00 一架军用大型运输机首次为四川绵竹灾区空投了包括矿泉水、鲜牛奶、方便面等在内的5吨救灾物资。

19:20 解放军总医院、二炮总医院和海军总医院的近300名医护人员抵达成都。

20:00 海军紧急调拨总价值超过500万元的110种药品和35类医疗装备。这批药品和设备已空运到绵阳、北川等重灾区。

22:00 马尔康至理县的公路初步恢复通车，但需谨慎驾驶。

22:00 二炮从各地国防施工现场抽调800名官兵组成大型工程机械部队，携带重型挖掘机、装载机等机械，赶到北川灾区，进行道路抢修，搜救幸存人员。

22：00 济南军区1500名官兵徒步到达地震重灾区汶川县映秀镇。

5月15日救援时间表

2:38—2:55 军队出动1架伊尔-76飞机，先后2次为汶川地震中遭到严重损毁的清平磷矿紧急空投8吨饮用水、食品和药品。

解放军总医院继14日向灾区派出277名医务人员后，由平均年龄64岁的10名高级专家组成的"解放军总医院专家医疗队"于15日飞赴抗震救灾一线。

成都军区15日将向北川、汶川县城等灾区空投包括50000份干粮、25000双军用胶鞋、5000床棉被、54000件衣物在内的救灾物资。

6:10 将40余艘舟艇运到紫坪铺水库库区，上午即开设通往汶川震中的水上交通线。

6:40 成都军区工兵团40余艘舟艇运到紫坪铺水库库区，当日上午可开设载重80吨的漕渡门桥，打通水上运输线20千米，确保物资及时运到灾区。

8:00 解放军和武警部队投入救灾的现役部队95553人，民兵预备役部队36174人，出动军用运输机、直升机飞行近300架次。

8:40 空军使用5架运-8飞机，紧急从山东向成都某军用机场灾区运送1000顶宿营帐篷、3000张行军床和储水罐、发电机等113吨救灾物品。

9:00 全军卫生系统已向灾区派出医疗队、防疫队72支、医务人员2160余人，价值3700余万元血液、急救药品、医疗设备等卫生物资已运抵灾区一线。

9:15 二炮抗震救灾指挥组和主要救灾部队，位于北川羌族自治县以南，距受灾核心区3千米处，救灾部队正全力赶往灾区。

12:00 绵阳通往北川的公路打通，大型救援机械已经可以开进。

12:00 武警水电部队多路奋战，成都至汶川的317国道都江堰紫坪铺至龙池镇间的6千米山路，及阿坝州狮子坪水电站到理县47千米道路全部抢通，距汶川约有30千米。

与此同时，全国各省级地震应急救援队及地震现场工作队，也根据中国地震局和当地党委和政府的统一部署安排，紧急奔赴汶川地震灾区，支援四川人民抗震救灾工作。

二、社会响应

（一）国内外社会赈灾

全国共接收国内外社会各界捐赠款物（截至2008年9月25日12时）总计594.68亿元，实际到账款物总计594.08亿元，已向灾区拨付捐赠款物合计268.80亿元。

某小学师生自发向灾区捐款

（二）国际援助

自汶川特大地震发生以来，国际社会向中国政府和人民表达了真诚的同情和慰问，并提供了各种形式的支持和援助。截至2008年7月18日，外交部及中国各驻外使领馆、团共收到外国政府、团体和个人等捐资17.11亿元。其中，外国政府、国际和地区组织捐资7.70亿元；外国驻华外交

国际救援队伍正在施救

机构和人员捐资199.25万元；外国民间团体、企业、各界人士以及华人华侨、海外留学生和中资机构等捐资9.39亿元。

日本、俄罗斯、韩国、新加坡的6支境外救援队伍，抵达灾区开展救援行动。俄罗斯51人的救援队在绵竹市开展救援。日本两批60人的专业救援队在青川、北川开展救援。韩国47人的救援队、新加坡55人的救援队在什邡市开展救援、俄罗斯的救援队在彭州开展救援。

三、媒体响应

1966年3月8日邢台地震时，"文化大革命"尚未爆发，报纸和广播电台的及时报道和周总理三赴现场的新闻照片形象，给人留下了深刻印象，当时传媒的报道起到了较大的社会动员作用，一时全国支援邢台灾区蔚然成风。"文化大革命"后期，1976年7月28日唐山发生地震，由于"文化大革命"前的大部分报纸停刊，中央只有"两报一刊"，地方基本上一省一报，使得新闻的传播极其有限，加上"四人帮"对地震消息的封锁，人们只能从不多的套话连篇的报道中，获得些微关于地震灾区的真实信息，而且还是过时的。这次汶川地震的报道就不同了，信息发布之快，内容之丰富和全面，展现人性的深刻性，都是历史上少见的。大量媒体记者冒着危险赶赴灾区，第一时间为公众提供信息，这为减少消息的不确定性、减少谣言，帮助全国人民建立信心、凝聚力量作出了重要的贡献。同时，10余天的大规模报道也展现了媒体报道理念的提升和运作机制的成熟。汶川地震报道过程中所体现出的不同和特点，将沉淀为媒介发展的制度经验和精神财富，对媒介的未来发展产生重要影响。

这次汶川地震的报道，多数媒体打破了惯性态势，反应之迅速、报道规模之大、报道力度之强都是历史上罕见的。5月12日14时46分，新华网最早发出快讯，随后各报纸和广播电台、电视台都反应很快，发挥了各自信息传递的特长。15时，中央电视台新闻频道播出四川地震的新闻，随后开始直播报道。十几分钟后，央视一套和新闻频道正式启动24小时直播，打破原有的节目板块，形成全天候播出的"抗震救灾、众志成城"特别节目，影响全国。同时，各地方电视台也迅速反应，纷纷加入抗震救灾报道，关注救援进程。《亚洲周刊》就中央电视台的工作写道："最受关注的是中央电视台，5月12日15时20分，中央电视台开启地震直播窗口，从此时开始，央视凭借其前线约160名记者的庞大队伍、采访'特权'，以及可随意调取的各省级电视台的资源，制作了连续24小时滚动直播的地震特别节目接近676个小时，创造了中国电视直播史上的新纪录。"

在此后的几天里，电视、广播、报纸、网络和手机等各种媒体都以从未有过的规模展开地震报道，各媒体派赴灾区的记者源源不断地提供来自灾区的最新消息。到16日，参与地震专题报道的全国卫星频道就已经达到14个。四川卫视更是全天播出"四川汶川报道"和"汶川地震特别报道"。这次震灾报道记者之多、现场直播时间之长都创下纪录。除了使用互联网、卫星电话，传统的对讲机以及无线电广播也发挥了强大的作用。

汶川地震发生在《中华人民共和国政府信息公开条例》5月1日实施之后。除了报道快速、及时以外，信息的公开也是这次地震报道的一个显著特点。与以往强化信息控制的做法有所不同，中外记者在四川的新闻采访活动受到的限制不多；国务院带头，每天公布关于震灾的伤亡数字、救援进展等各方面的情况，民众可以通过媒体随时获得有关灾区的各种信息。对地震预报的质疑、学校房屋质量的责难、救助中出现的各种具体问题，都有一定的反映，尽管不占主导地位，还是允许存在。

若与境外媒体比，我们仍然存在差距。地震发生之时，只有凤凰台即刻播报了"中国四川发生大地震"，国外网站发布这个消息十几分钟了，我们的官方网络上仍然没有信息。好在经过不长时间的迟疑之后，新闻报道迅速出击，接下来就是全球都予以关注的情形：我们的各路媒体向灾区进发，派出了记者，几乎所有重要的灾区场景都被报道。

这次关于地震的报道，媒体总体上的反应迅速，信息公开程度较高。由于我们的信息发布及时而详尽，境外媒体的报道的信息源多数来自中国传媒，因而我们掌握了报道基调。社会恐慌的真正根源来自信息的不确定和不平衡，此次大地震中虽然伤亡十分严重，但社会上基本没有多少谣言传播，全国团结一心，抗震救灾，媒体的传播收到了良好的正面效果。

我国传媒关于地震的报道赢得了国内受众，也赢得了境外媒体和公众的好评。新加坡《联合早报》5月21日的一篇文章中评论说，"中国媒体在地震报道中所显示的空前的自由度，也让世界刮目相看，甚至可以说是'地震般的巨变'。地震发生之初，联想到大雪灾、拉萨事件、奥运火炬传递时中国媒体欲言又止的境况，相当多国外媒体发出质疑。一天后，包括《国际先驱论坛报》在内的众多知名媒体就发出惊愕之声，'中国对地震的回应异常公开'"。其实，信息开放了，并非社会就会乱，反而有利于保持社会的稳定，减少谣言和惊恐现象，也增强了政府的公信力，使政府和人民、军队和地方、灾区和全国，万众一心地去抗震救灾。信息开放的主控者是政府，因而也有利于政府掌握话语权。

本次地震震情、灾情、救灾行动等一切相关信息都高度透明。国务院新闻办每天都有一场新闻发布会，四川省政府也举行多场新闻发布会，中央及地方的广播电台、电视台都全天候直播抗震救灾的最新进展，其他平面媒体、网络媒体等也都高度关注并及时报道有关的灾害和救灾信息。特别是我们国家还开放境外媒体及时赴灾区参与报道。信息的充分透明共享既把灾后的各种谣言传播限制在最小的范围，也起到在全社会和全世界范围自发的信息动员作用，调动各方共同参与救灾行动。

四、感人往事

同学情，生死不弃

一块水泥板倒下来，压在汶川县漩口中学初三学生向孝廉的身上。这位13岁的小姑娘醒来后，模糊中看到缝隙外边有亮光，接着再次昏迷。此时，一个声音唤醒了她，是同学马健。"我哭着对他说，马健你别走，等我死了再走吧。马健说'我不会走的，你是班上年纪最小的，也是生命力最旺盛的，你一定要坚持住。'"马健一边喊着"坚持，坚持！"一边疯了似地用双手刨着水泥碎块。大约4个小时后，小孝廉终于被刨了出来，而马健的双手已经血肉模糊。

团结就是力量

大地震袭来时，重庆市55名游客正行进在距汶川50多千米处。"快往公路边的平坝跑……"导游刘晓容和余九冬声嘶力竭地喊着，在两名女孩子的指挥下，大家迅速集中到了平坝上。岷江对面的山，轰隆隆地垮下来，烟尘、沙石扑面而来，前后的路都已坍塌。自救，势在必行。第二天，天刚蒙蒙亮，在倾盆大雨中，这支特殊的队伍互相扶持着，绕过断裂的公路，奔过800米摇摇欲塌的隧道，躲过一次次余震，走走停停5个多小时后，终于见到了救援者。

永远的师魂

绵竹东汽中学教导主任、政治老师谭千秋，为救4名学生，献出了51岁的生命。谭千秋，来自湖南祁东县，1982年毕业于湖南大学，扎根四川27年。他在地震中张开双臂，以雄鹰展翅的姿势，死死护住桌子下的4个孩子，自己的后脑被楼板砸得深凹下去。4个孩子全部生还。

什邡市师古镇民主中心小学一年级女教师袁文婷为了拯救学生，献出了自己26岁的宝贵生命。她共救出13名学生。

映秀镇小学四年级语文老师严蓉在救下13个学生后殉职。她刚1岁的女儿很可能成了孤儿。她爸爸也没有任何消息。

汶川映秀镇小学29岁的数学老师张米亚，在大地震来临时用双臂紧紧搂住两个小学生，同样以雄鹰展翅的姿势护住孩子，以自己的死换来两个孩子的生。由于紧抱孩子的手臂已经僵硬，救援人员只得含泪忍痛把张老师的手锯掉，才把孩子救出。两个孩子生还。张米亚老师以实际行动诠释了生前最喜欢的一句话"摘下我的翅膀，送给你飞翔"。被称为全中国最美丽的翅膀。

什邡红白镇中心小学校，至少有7名老师殉职。其中二年级语文老师汤宏为救学生，献出了自己20刚过的生命。他最后的姿势定格在这样的画面上——两个胳膊下各抓了一个孩子，身子下还护着几名孩子。虽然没能将手中的学生救出教室，而他自己也在瓦砾中丧生，但被他用血肉之躯护住的几个孩子却幸运地活了下来，并最终获救。

在2008年5月12日的汶川地震中，牺牲的老师太多太多。他们真的无愧于万世师表的称号。这是教师行业的榜样，是永远的师魂！

唐山十三农民兄弟

宋志永、杨国明、杨东、王加祥、王得良、宋志先、王宝国、王宝中、曹秀军、尹福、宋久富、杨国平、王金龙。河北唐山人，年龄最大的62岁、最小19岁，他们都是农民。2008年初，特大雪灾袭击了华南地区，湖南郴州成了一座冰雪中的孤城。没有上级号召，也没有组织要求，河北唐山13个农民除夕那天租了辆中巴车出发，顶风冒雪去那里参与救灾。这13个来自唐山市玉田县东八里铺村二组的农民，自己准备了工具，初二上午赶到郴州电力抢险指挥部，成了湖南电力安装工程公司一支编外"搬运队"，每天起早贪黑、踏雪履冰为抢修工地扛器材、搬材料、抬电杆。2月23日，在工作了16天之后，这13位农民兄弟离郴返乡，许多郴州市民在得知这一消息后，自发赶来为他们送行。他们还被郴州市授予"荣誉市民"称号。

在得知汶川发生特大地震后，宋志永和其他12位兄弟商量后，几经辗转来到灾情最重的北川县城，成为最早进入北川的志愿者之一。他们用最原始的方法——铁锤砸、钢杆撬、徒手刨，不断寻找幸存者。只要哪里需要，他们就到哪里。他们与解放军、武警战士一起，抢救出25名幸存者，刨出近60名遇难者遗体。

五、灾后重建

"5·12"汶川特大地震，给四川人民群众生命财产和经济社会发展造成了巨大损失。在党中央、国务院的坚强领导和亲切关怀下，面对艰巨繁重的灾后恢复重建任务，全国各省、区、市及社会各界倾力支援、倾情相助，四川省各级党委、政府精心组织、精心实施，全省人民特别是灾区人民自力更生、艰苦奋斗。从2008年10月到2010年9月，两年时间的呕心沥血，700多个日夜的艰苦奋战，纳入国家重建规划的29692个重建项目已开工99.3%、完工85.2%，概算总投资8613亿元已完成7365.9亿元，占85.6%，圆满完成中央"三年重建任务两年基本完成"的目标。这片曾经山崩地裂、满目疮痍的土地已旧貌换新颜，受灾群众住进了新房，公共服务设施全面上档升级，重建城镇初展新姿，基础设施根本性改善，产业发展优化升级，防灾减灾能力显着提高。灾区从废墟上站立，展示出在灾难后重生、在重建中跨越的生动图景。

四川灾后恢复重建的伟大实践，集中体现了全心全意为人民服务的中国共产党的伟大力量，充分展示了中华民族和衷共济、团结奋斗的民族品格；集中体现了中国特色社会主义制度的无比优越，充分展示了改革开放以来不断增强的综合国力；集中体现了科学发展观的重大指导意义，充分展示了"万众一心、众志成城，不畏艰险、百折不挠，以人为本、尊重科学"的伟大抗震救灾精神；集中体现了灾区各级党委、政府对历史负责的高度自觉，充分展示了灾区人民自强奋进、顽强拼搏的不屈意志。

截至2012年5月，四川省纳入国家灾后恢复重建总体规划的29692个项目已完工99%，概算投资8658亿元已完成投资99.5%；地震灾区实现了"家家有房住，

重建后的汶川新县城

户户有就业，人人有保障"。

2014年5月12日是汶川特大地震6周年的日子。在6年前的废墟上，这里记录着6年来灾区的点点滴滴展现着灾区创造的奇迹，曾经伤痛的土地在5月的阳光下正焕发出勃勃生机。

抚今追昔，感慨万端。1976年的唐山大地震，灾后重建，我们用了10年的时间，直到1986年各项重建工作基本完成。而32年后的汶川大地震灾后重建，我们用了2年的时间基本完成灾后重建任务，4年内即完成全部重建规模投资，实现了"家家有房住，户户有就业，人人有保障"目标，灾区社会和谐，民生进步。这一前一后，对比在大震巨灾面前的重建速度，表明了改革开放后的几十年内，我国社会经济巨大发展，国计民生条件极大改善，令世人惊叹。

第三节　汶川大地震减灾经验及影响

汶川大地震发生后，人们在为逝者哀痛、为生者欣慰、为救援者感动的同时，也在思考这场巨大的灾难带给人们哪些启示？在今后的生活中，我们如何珍爱生命，如何改进我们的做法，才能适应自然，有效应对类似的自然灾难？

一、汶川大地震减灾基本经验

（一）桑枣中学的启示

四川安县桑枣中学，是一所初级中学，在绵阳周边非常有名。学校因教学质量高，连续13年都是全县中考第一名。学校所在的安县紧邻着地震最为惨烈的北川，8栋教学楼部分坍塌，全部成为危楼。学校外的房子百分百受损，90多位教师的房子都垮塌了，其中70多位老师，家里砸得什么都没有了。而桑枣中学2200多名师生无一伤亡，与其他同类学校伤亡惨重相比，减灾效益无疑是巨大的。这也是一种奇迹，一种珍视生命的奇迹，一个紧急避险的成功范例。

桑枣中学在特大地震来临之时无一伤亡存在偶然中的必然性，概括其成功减灾的经验主要有三点：一是加固教学楼一丝不苟。校长叶志平抓教学楼建筑质量

桑枣中学奇迹

非常细心，一个细节就可略见一斑。新建教学楼外立面贴的大理石面，他让施工者每块大理石板都打四个孔，用金属钉挂在外墙上粘好。在这次大地震中，教学楼的大理石面没有一块掉下来。二是紧急避险演练井然有序。从2005年开始，每学期要在全校组织一次紧急疏散演练。三是安全教育常态化。每周二都是学校规定的安全教育时间，让老师专门讲交通安全等。叶志平不允许学生拖着自己的椅子走，因为拖着的椅子会绊倒人，以防止出现踩踏事件。大地震发生时，师生们按平时练熟了的方式疏散，无一伤亡。

桑枣中学无一伤亡给全国所有的学校都上了一堂安全意识和紧急避险的教育课。启示人们：各类各级学校安全教育责任大于天，也是一项功德无量的事业。学校校舍坚固安全则功在当代，利泽千秋。

（二）扎实推进城市防震减灾规划

几十年来中国的抗震设防标准经历过7次不同程度的修订和完善，目前的设防标准是依据国家监测地震动参数区域分布，划分不同地方应该设防的水平。随着技术、经济和测量水平的提高，国家地震动参数也在修订，房屋抗震标准也要进行相应的修订。

城市防震减灾规划就是按照国家《防震减灾法》对城市和乡镇未来的防震减灾进行规划部署，指出一个城市中对建筑抗震不利的区域、地段，建议各类生命线工程、重大工程和建筑抗震设防等级并应采取的有效抗震措施。建议城市及乡镇抗震能力差、不符合抗震要求的房屋进行改造。要求房屋间距、道路布置和宽度、空旷场地、人口和建筑密度，供水、供电、消防等满足抗震防灾要求，等等。

这次汶川大地震体现了我国在地震发生时的快速反应及应急能力，温家宝总理在震后第一时间就赶到灾区就是例证。同时此次地震也考验着我们在震后救灾、疾病防御和震后重建工作的效率，也为今后我们的防震减灾规划提供经验、教训和依据。

（三）建筑物要切实按照抗震设防要求进行设计和设防

汶川大地震，我们看到最明显的灾情就是建筑倒塌、人员伤亡。绵阳、都江堰的地震烈度均超过了VIII度，汶川等震中烈度要超过X度。国家抗震设计要求是"大震不倒，中震可修，小震不损"。而此次地震中，灾区内的大多数房屋没有达到抗震设防标准。因此，建筑抗震设计对于提高城市抵御地震灾害尤为重要。要提倡多建抗震性能强的建筑，淘汰抗震能力差的建筑，从而提高城乡的整体抗震能力。

国家建筑抗震设计规范要求，新建、扩建、改建建设工程，必须达到抗震设防要求。重大建设工程和可能发生严重次生灾害的建设工程（如核电站和核设施），还必须进行地震安全性评价，并根据地震安全性评价的结果，确定抗震设防要求，进行抗震设防。

建设工程的抗震设计必须符合抗震设防要求和抗震设计规范以及必须按照抗震设计进行施工。我们国家大部分城市是按照VII度设防烈度进行建筑结构设计，对于政府、医院、学校、电站、车站等重要公共建筑、生命线工程要提高1~2度设防。

实践证明，抗震设计满足规范要求且施工质量良好的建筑的抗震能力很强，不容易倒塌，伤亡也最小。建筑抗震设计就是要减轻地震力，提高房屋整体抗震能力。

我们可以看到，此次大地震倒塌的学校基本上是采用预制板结构的，这种结构在现行抗震设计规范中已经禁止采用。预制板结构的教学楼倒塌，而现浇结构的楼梯间则完整。在同一片相邻区域，有的房子破损严重，有的则安然无恙，就是这个原因。

从公布的灾情来看，比起成都、重庆等受灾的大城市，农村地区房屋倒塌情况更加严重。这主要是因为目前中国的城市建设基本能做到严格设计、严格管理，建筑物基本能够达到国家制定的抗震能力设计标准。而在广大农村，农民自建房屋的现象还比较普遍，在房屋抗震标准执行上存在一定的欠缺。

（四）危急时刻要保持生命和求援线路通畅

5月12日14时40分，汶川大地震发生后的12分钟内，中国电信汶川分公司员工刘道彬，把汶川县唯一的一部海事卫星电话从眼看就要倒塌的住宅楼中抢出来，拨通了上级部门的号码，第一时间传出地震损失情况和求救信息。安县的茶坪和高川则没有这样幸运。损失惨重的这两个深山乡镇，为了将求援信息报告外界，甚至写血书托人带出。

惨痛的教训表明，应急通信这条生命求援线只有保持畅通，才能多挽救一些鲜活的生命。在这次抗震救灾中，卫星通信显示出了其特有的抗灾优势，最大限度地保证了灾区，尤其是通信设施损毁严重的重灾区的通信。

在地震频发的我国台湾地区，对应急通信设备的配备有硬性要求：从大城市到小乡镇的应急保障部门，都必须按照标准配备包括移动、固话、微波、卫星通信等在内的多种通信设备。这样配置目的是要保证灾难发生时灾区至少有一种通信方式能够与外界联络。

（五）公共建筑的抗震设防标准亟待加强

汶川大地震，造成了许多房屋倒塌及重大人员伤亡，使得公共建筑的防震、抗震设防标准引起人们的广泛关注。我们不能苛求每一座建筑都具有高等级的抗震设防标准，但是至少我们应当有更多的建筑物在灾难发生时能够为人们遮风挡雨，而不是造成更大的灾难。这次地震将为中国今后改进建筑抗震设防提供经验，如此惨烈的人员伤亡给中国敲响了警钟。随着城市化进程的加快，必须防患于未然。

在这场灾难中倒塌的房屋有不少是学校的教学楼。据四川省教育部门不完全统计，除汶川、北川等重灾县外，全省校舍倒塌6899间。

二、对防震减灾工作的影响

（一）建筑的抗震设防必需强制执行

通过对历次地震的分析数据显示，在地震人员伤亡中，95%以上是由房屋倒塌造成的，5%的人员死亡是由地震引发的次生灾害导致。

地震发生时，往往只有几秒到几十秒的时间，但这段时间一般是很难逃离的。主要能做的是躲避严重伤害。建筑质量较好的房屋，在震坏和倒塌有一段缓冲时间，可以利用地震过后房屋还没有倒塌的间隙逃生。达到抗震设防要求的建筑，能抵抗住地震的破坏，自然就能保住建筑物内居民的生命安全。

一般来说，符合抗震设防要求的建筑，在成本上会有一些增加。但如果全部被地震破坏，再重建，成本更大。如果再算上人员伤亡的损失，数字更是大得惊人。

一些国外的建筑抗震经验值得我们学习。在日本，他们赖以生存的房屋，地基、结构、用料都要符合防震要求，不符合地震部门提出的抗震要求的建筑，要无条件推倒重来。每个城市都有一个防范直径，遇到地震等灾难时，无论在城市的任何角落，都有一个5分钟内可到达、能够容纳一定数量避难者休息和生活的场地。日本的理念是：学校是当然的避难所。2008年6月14日，日本岩手等地发生了7.2级地震，只造成了9人死亡、11人失踪和200人受伤的人员伤亡。死亡几乎不是由地震直接造成的，而大多是由地震次生地质灾害（滑坡）造成的。这样小的损失得益于日本完善的抗震建筑和应急救援系统。

《中华人民共和国防震减灾法》明确规定：新建、扩建、改建建设工程，应当避免对地震监测设施和地震观测环境造成危害。建设国家重点工程，确实无法避免对地震监测设施和地震观测环境造成危害的，建设单位应当按照县级以上地方人民政府负责管理地震工作的部门或者机构的要求，增建抗干扰设施；不能增建抗干扰设施的，应当新建地震监测设施。

对地震观测环境保护范围内的建设工程项目，城乡规划主管部门在依法核发选址意见书时，应当征求负责管理地震工作的部门或者机构的意见；不需要核发选址意见书的，城乡规划主管部门在依法核发建设用地规划许可证或者乡村建设规划许可证时，应当征求负责管理地震工作的部门或者机构的意见。

（二）防震意识需要增强

在汶川地震中，半数以上的人在地震来临时手足无措，88%的人在此前没有接受过有关防震避震应急培训。80%的受伤者期待能接受一次大规模避震演习，更好地掌握自救互救知识。俗话说"宁可百日无灾，不可一日无防"。目前，地震的临震预报还是科学难题，但预防地震我们是可以有所作为的。我们必须承认，在应对地震灾难时仍存有太多的侥幸与麻痹心理。

我们对地震领域的很多东西还处在探索阶段，对地震发生的时间、地点和规律等还没有完全掌握和预报。因此，地震预防是非常重要的工作，防震意识的提高非常重要。很多我们认为很稳定的地区，发生了较大的破坏性地震，很多地区发生的地震远远大于原来认为的震级。四川的龙门山断裂带有记录的历史上，并没有发生大于7级以上的地震。都江堰在2000年以来就没有记录过发生7级以上地震。现在发生了8级地震，震中烈度达XI度，但地震前该区的地震烈度划分为VII度区。1976年唐山地震没有发生前，这个地区的抗震设防烈度是VI度，地震时震中烈度达XI度。重庆江北被认为是一般不会发生5级以上地震的地区，1989年11月20日在这个地区发生了5.2级地震。江西被认为是比贵州还稳定的地区，2005年11月26日在九江发生了5.7级地震。

（三）应急救援设备、装备、物质和人员等保障体系需要加强

在汶川地震救援过程中，发生了一幕幕感人的场面。但同时也暴露出我们存

在的一些问题，突出的是：通信联系跟不上，灾区信息不能及时传出，影响政府决策和救援；应急专业队伍少，配备的专门救灾工具少，影响救灾的效率和效果。5月12日14时28分地震过后，四川省黑水、汶川、理县、北川等7个县的对外通信完全中断，瞬间成为中国地图上的7个信息孤岛。5月13日13时30分左右，在汉旺镇，芙蓉集团救护消防大队依靠"静中通"卫星电话，拨通了与外界联系的第一个电话。而拨通这个电话，芙蓉集团救护消防大队花了7个多小时的调试时间。5月18日17时28分，黑水县干线光缆在连续奋战之下终于被艰难打通，7个重灾县对外移动通信就此全部畅通。参加现场救援和应急指挥的地震部门介绍，在地震发生后，电台是最有效的通信工具。海事电话等卫星电话也是比较有效的应急通信工具之一。

在汶川地震的救援过程中，全国共出动13万人民解放军和武装警察部队、4.8万民兵预备役人员。他们抢救幸存者、转移受灾群众、医治伤员、运送物资、抢修道路、清理废墟、参加灾后重建，是一支令世人瞩目的重要突击力量。但遗憾的是，由于解放军缺少专业的救援装备，在抗震救灾中主要还是"镐刨、锹挖、肩挑"等土办法实施营救，大大降低了营救效果。

三、《中华人民共和国防震减灾法》的修订和完善充分吸取汶川地震预防及抗震救灾经验教训

《中华人民共和国防震减灾法》是为了防御和减轻地震灾害，保护人民生命和财产安全，促进经济社会的可持续发展而制定的。由第八届全国人民代表大会常务委员会第二十九次会议于1997年12月29日通过，自1998年3月1日起施行。2008年12月27日，《中华人民共和国防震减灾法》由第十一届全国人民代表大会常务委员会第六次会议修订通过，自2009年5月1日起施行。新版《中华人民共和国防震减灾法》具有以下几个特点：

（一）新法对突发性大震巨灾和日常防震减灾工作更具指导性

《中华人民共和国防震减灾法》最初制定和出台恰逢我国境内地震活动相对平稳时期，许多制度的设计显得比较粗糙，没有全面地反映防震减灾工作的要

求，中国地震局于2006年就开始了修法工作。经修订后的《中华人民共和国防震减灾法》大幅扩容，由旧法的7章48条扩充为9章93条，以"5·12"汶川大地震中的经验和教训为镜鉴，"补旧添新"，制度设计更加细化、可操作性增强。在防震减灾规划、地震监测预报、地震灾害预防、地震应急救援、震后恢复重建等方面做了修改完善，并新增加了地震灾害恢复过渡性安置和监督管理等方面的内容，使新法更具有对突发性大震巨灾和日常防震减灾工作指导性。

在地震监测预报方面则加强了地震监测台网建设，并增加了地震烈度速报系统建设和震后地震监测、余震判定等规定。在应急救援方面，考虑到汶川大地震中专业救援力量的突出作用，规定要按照一队多用、专职与兼职结合的原则建立地震灾害救援队伍。

（二）地震灾害预防也是此次《中华人民共和国防震减灾法》修订的一大重点

《中华人民共和国防震减灾法》中对建筑抗震设防已经有不少规定，包括建设工程应按地震烈度区划图或者地震动参数区划图规定的抗震设防要求进行抗震设防和施工，新建、扩建、改建建设工程必须达到抗震设防要求，对重大建设工程和可能发生严重次生灾害的建设工程还规定了进行地震安全性评价的更高要求。该法还规定，对几类已建成的特殊的建筑物、构筑物，未采取抗震设防措施的，应当进行抗震性能鉴定并采取加固措施。

与该法相关的还包括一系列相关法规。比如，在抗震设防标准上，1989年出台的《建筑抗震设计规范》确立了建筑业内通常所称的"小震不坏、中震可修、大震不倒"的抗震设防目标和设计规范。2001年该规范经过修订又提出了更高标准。

1995年颁布并于2004年修订的《建筑抗震设防分类标准》，则将各类建筑抗震设防级别划分为四类，其中普通民居为丙类；而甲乙两类建筑须在该地区抗震设防的烈度标准上，增加一度。学校建筑最初被划入丙类，后来经过修订被升为乙类。此次修法对建设工程抗震设防制度进行了修改完善。比如，特别增加规定，"对学校、医院、商场、交通枢纽、公共文化设施等人员密集的建设工程，应当按照高于当地房屋建筑的抗震设防要求进行设计，采取有效措施，增强抗震设防能力"。在需要进行抗震性能鉴定并采取加固措施的特殊建筑物、构筑物类别中，也增加了前述几类公共设施建筑。

修订后还明确规定了建设单位、设计单位、施工单位、工程监理单位和建设工程地震安全性评价单位各自对抗震设防的责任。在法律责任方面建设单位违反规定不进行地震安全性评价或者不按评价结果报告确定的要求进行抗震设防的，将承担相应行政责任、民事责任乃至刑事责任。

新修订的《中华人民共和国防震减灾法》还特别将没有被现行制度纳入规范之内的农村建筑纳入抗震设防管理。县级政府应当加强对农村村民住宅和乡村公共设施抗震设防的管理，组织开展农村实用抗震技术的研发和推广，培训相关技术人员，建设示范工程，逐步提高农村抗震设防水平。国家应对农村村民住宅和乡村公共设施的抗震设防给予必要支持。

第六章 芦山——科学减轻灾害的全面体现

第一节 芦山地震的基本概况

一、地震事件

北京时间2013年4月20日8时02分46秒，在四川省雅安市芦山县（北纬30.3°，东经103.0°）发生7.0级地震，震源深度13千米。震中距成都约150千米，距离汶川大地震震中50千米，最大烈度Ⅸ度，受灾范围约18682平方千米。

四川及周边的重庆、甘肃、陕西、贵州、云南等省市都有明显震感。

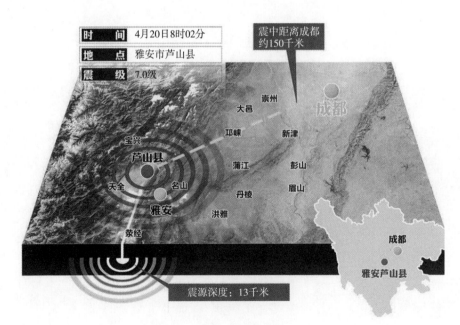

芦山7.0级地震震中分布图

二、构造特征

震中位于龙门山断裂带南端（该断裂带是地震多发区域，最严重的地震是发生在2008年的汶川大地震）。龙门山断层是中国西南部的一个逆冲断层，位于青藏高原东缘，与四川盆地相交，由龙门山后山断裂、龙门山主中央断裂、龙门山主边界断裂三条断裂带组成，东北—西南走向，长约500千米，宽达70千米，是地震多发区。

亚欧板块由于遭到印度—澳洲板块朝向北略偏东方向的积压，形成巨大的青藏高原隆起。青藏高原以每年10~15毫米的速度向东缓慢移动，在龙门山一带受到坚硬的四川地块的阻挡，积聚了大量的构造应力，形成了断层。该断层在不断受到青藏高原挤压的情况下，成为逆冲运动的多发区，因而易于发生地震。

龙门山断层自1657年4月21日之后，不甚活跃，在300多年间其发生地震的频率不及附近的鲜水河断层，强度也从未超过6级，因此曾被认为是已逐渐沉寂的古老断层。但是2001年青藏高原北缘的昆仑山口西发生8.1级大地震，此后青藏高原对亚欧板块主体的主要挤压方向从北部转向东部，龙门山断层和周边其他断层均受到影响，重新活跃。2008年5月12日，该断层发生汶川大地震，造成大量人员伤亡和财产损失。2013年4月20日，该断层再次发生7.0级地震。

三、灾情特征

突如其来的芦山地震对震区地貌、生态、水利、通信、电力、交通以及文物古迹等众多方面都造成了极大的影响。芦山县境内的宝胜和玉溪河金鸡峡在震后形成堰塞湖。

地震发生后，雅安市芦山县、天全县、宝兴县通信、电力中断，经过紧急抢修，于21日恢复通信和电力供应。

地震曾一度造成铁路、公路、航空交通中断。铁路82列列车停运，经过对所有受地震影响的铁路线进行全面检查和抢修，至20日下午3时列车恢复运行。成都双流国际机场在地震当天曾关闭一小时左右，相关航班备降重庆等周边机场，10时37分完全恢复正常。公路318国道、210省道两条通往灾区的主干公路在震中

玉溪河金鸡峡震后形成堰塞湖

区出现塌方，道路中断，分别于20日17时和21日19时抢通。而宝兴县境内道路严重损毁，一度成为孤岛。

2013年4月24日，芦山县龙门乡到大川镇的干道全线贯通。这标志着除少数通村道路外，雅安地震灾区宝兴县和芦山县的国道、省道、县道和通乡公路等主要道路全面抢通。

震区灵关镇到宝兴县的道路上
随处可见飞石泥沙滑落

芦山县太平镇灾前灾后影像对比图

此次地震共造成196人死亡、21人失踪、11470人受伤、231万人受灾，倒塌房屋1.7万余户、5.6万余间，严重损房4.5万余户、14.7万余间，一般损房15万余户、71.8万余间，其中芦山县和宝兴县的倒损房屋25万余间。

第二节 地震应急与处置

一、政府响应

（一）党和政府的关心与关怀

芦山地震发生后，中共中央总书记习近平、国务院总理李克强指示要把抢救生命作为首要任务，最大限度减少伤亡。国务院总理李克强、副总理汪洋，国务院秘书长杨晶等于4月20日中午乘专机前往雅安地震灾区指导救灾。

李克强总理乘坐的专机于4月20日16时抵达四川。16时37分，李克强换乘直升机抵达芦山县龙门乡。李克强表示，继续执行"5·12"汶川地震时的政策，每人每天补助1斤粮食、10元钱，补助6个月。

（二）省、部应急行动

中共四川省委书记王东明批示：立即启动应急预案，马上派出救援力量赶赴灾区，并即刻组织当地力量进行救援。首先以挽救伤员为第一要务。

针对雅安市芦山县7.0级地震，中国地震局启动地震应急Ⅰ级响应，决定派出一支由中国地震局修济刚副局长带队的地震现场应急工作队，赶赴灾区开展地震应急工作。

4月21日，国家地震灾害紧急救援队飞赴地震灾区。国家安监总局立即研究并做出紧急部署。国家矿山救援队芙蓉队等16支矿山救援队、300余人赶赴灾区，开展救援工作。开滦、大同等6支国家矿山救援队及贵州、陕西、云南省矿山救援队待命出发，重庆矿山救援队也紧急赶赴现场。同时，国家安监总局通知灾区所有矿井停产撤人，排查危化、油气管线，防止发生泄漏、爆炸事故。

公安部启动应急机制，国务委员、公安部部长郭声琨，部分管领导、消防、交管、治安等部门负责同志在指挥中心调度指挥救援，并派出前方工作组赶赴现场。

卫生计生委20日紧急部署四川雅安芦山地震医学救援工作，组建派出国家卫生应急队，180多名医务人员及车载移动医院已经赶赴灾区。

此外，国家减灾委、民政部针对四川雅安芦山7.0级地震灾害紧急启动国家Ⅲ级救灾应急响应。

（三）军警行动

在地震发生后，中央军委主席习近平指示中国人民解放军和武装警察部队做好地震救灾工作。成都军区第13集团军立即启动救灾预案。4月20日上午8时20分，2120名抢险救灾指战员带领救护车、挖掘机、装载机共173台以及4架直升机紧急出动，奔赴灾区展开救援。

4月20日10时后，空军11252机组与海军航空兵4101机组先后抵达震源地上空展开作业；11时左右，陆军航空兵编队在灾区降落。重庆也派出4支救援队伍赶赴灾区。

2013年4月20日11时40分左右，成都军区铁拳师炮兵团第一支救援力量300余人到达芦山县。芦山县人民武装部也集结了200余名民兵分赴各主要交通要道，开始抢修生命通道。同时，由李世明司令员指挥，成都军区部队派遣第二梯队2000余人赶赴芦山县救灾，出动救援车辆216台，两架直升飞机也同时起飞。

各支救援部队紧急赶往芦山地震震区

成都军区空军出动运-8飞机
运送专业救援队赶赴灾区

据四川省公安消防总队报告，至2013年4月20日12时，雅安市公安消防支队芦山大队已完成对县城主城区的第一轮搜救，救出29名被困群众，其中27人生还。

截至2013年4月20日15时40分许，解放军和武警部队投入雅安灾区第一线的救援兵力达7491人，成都军区和武警部队还有1万多兵力随时可以增援。截至16时，陆军航空兵部队已经派出9架直升机（分别为直-9Z和米-171），另有35架各型直升机做好准备工作。此外，空军出动了两架侦察机，海军也出动了一架遥感飞机赶往灾区。

二、社会响应

地震发生后，芦山县人民医院成立医疗指挥中心。由于医疗条件有限，很多伤员被转送至成都市的四川大学华西医院等进行救治。包括四川省人民医院在内的多家医院均启动应急预案，设立了临时指挥部，明确了地震病人的救治流程，也疏散了各个临床科室轻微病人，为接治伤员做好准备。

中国红十字总会从中国红十字会成都救灾备灾中心调拨500顶帐篷到受灾地区。重庆、贵州、山东、广东等省市及香港、澳门地区红十字会来电准备参与救灾。当地民众自发将从家中拿出的粮食做成一大锅一大锅的粥，免费发放给伤员和救援人员，也有各种志愿者在街头，在各个岗位参与救援。

雅安芦山地震轰动全国，几日内就有自发志愿者队伍奔赴灾区，但由于道路不便，余震不断，在吸取了汶川大地震救援过程中的经验教训后，为保证救援工作的高效有序、避免不必要的损失，尤其是非专业救援志愿者、减轻震区交通拥堵，国务院于4月21日下发通知：要求各地区、各有关部门、各单位和社会团体，如果未经批准，原则上暂不自行安排人员或团体前往灾区；建议社会各界有捐赠意愿者以资金捐助为主，物资和设备的捐助则由民政部门协调运往灾区；建议非紧急救援人员、志愿者、游客等尽量不要自行前往灾区；四川省抗震救灾指挥部加强各方面救援力量的统筹协调。

2013年4月22日，198名俄罗斯救援人员分三批抵达成都双流国际机场。俄罗斯救援队曾经参与汶川地震救援。

　　四川省政府2013年4月25日发布公告，为表达全省各族人民对"4·20"芦山7.0级地震遇难同胞的深切哀悼，省政府决定，2013年4月27日为全省哀悼日。27日当天，四川省停止公共娱乐活动，8时02分起，全省人民默哀3分钟，汽车、船舶鸣笛，防空警报鸣响。社会各界以各种形式表达了对芦山地震遇难同胞的深切哀悼。

吊念遇难同胞

三、媒体响应

　　2013年4月20日8时02分，四川省雅安市芦山县发生7.0级地震。我国媒体迅速跟进开展报道，及时发布伤亡和救援信息。而5年前的汶川地震，媒体对遵循职业道德和职业规范还比较陌生，呈现的问题较多。与汶川地震的报道相比，这次媒体对芦山地震的报道，进步与问题并存。

（一）报道时效：及时迅速的反应赢得社会认可

　　芦山地震报道中，我国媒体继承了汶川地震报道中快速反应的传统，做到了第一时间报道。2008年，在汶川地震后32分钟，新华网发布快讯，成为最早报道地震的网络媒体。此次芦山地震，媒体的反应速度也很及时。

芦山发生地震，汶川成功预警。20日8时02分，四川汶川电视台就突然中断节目，插播防震减灾局和成都高新减灾研究所的紧急公告："四川芦山正发生有感地震，汶川将震感轻微，请做好避险准备。地震横波还有42秒到达。"随后开始倒计时。这一紧急公告的播出后电视台工作人员即刻通过电视这一公共平台向全社会告知，说明其反应之迅速。

在电视直播方面，两次地震中反应最快的媒体有所不同。汶川地震后的下午3时，率先进行直播的是中央电视台，推出了24小时的"抗震救灾、众志成城"特别节目。在芦山地震后，地方卫视启动直播的时间则走在了央视前面。8时20分，东方卫视最先开始直播报道震区消息，这距离地震发生刚过去18分钟。但东方卫视在18分钟内做了几件事：信息核实、初步判断破坏程度、决定报道的规模及需投入的力量，并整合可调动的资源。在如此短的时间内就启动直播报道，体现出该台应对突发事件的组织能力。

最初东方卫视的直播报道成为公众在震后初期获得有关震区消息的主要来源。它一方面播发来自新华社、中国地震局等权威信源的消息，另一方面联系该台驻四川记者和四川当地媒体的记者，播发震感范围、破坏情况、救援组织情况，以及震区的山川地理背景和天气信息。

广播媒体第一时间启动了应急广播报道程序。中央人民广播电台中国之声从4月22日起，以"国家应急广播"为呼号，向芦山县开播定向的应急频率。这是我国首次在重大灾难事故中使用应急广播。

（二）报道伦理：以人为本的报道理念得到落实

与汶川地震相比，芦山地震中的媒体强化了尊重生命的意识，以人为本的理念基本得到落实。地震灾害中值得报道的事实有很多，但用悲惨和死亡来吸引社会目光，在道德上有违人性。2008年汶川地震后，有不少电视媒体直接展示遇难者的遗体画面，未经任何处理；许多报纸将废墟中惨不忍睹的尸骸照片刊登在显著位置，文字报道中还有对悲惨细节的描写。当年记者提问中的"二次伤害"也屡见不鲜，如某电视台记者曾拦下刚从废墟中抬出的极度虚弱伤员，不顾采访对象生命垂危，不断进行提问，甚至还出现了隔着废墟采访压在下面的人的情况等。这些缺少人性的做法成为后来传媒界集体反思的重要方面，"灾难报道要以尊重人的生命和尊严为前提"的理念成为行业共识。

这次芦山地震报道，媒体整体上比较克制，没有出现聚焦死者的镜头，减少了对遇难者惨烈状况的呈现。对地震中失去亲人的幸存者的采访，注重情绪的抚慰。另外，地震发生后，浙江、湖南、江苏等9个地方卫视停播娱乐节目和电视剧的做法得到社会认可，这一举措虽然会影响广告收入，但从尊重人性和公众感受的角度看，无疑坚守了社会责任。

（三）报道规模：过度反应造成盲目报道和信息不对称

中国媒体在汶川地震中积累了灾难报道的经验，这次芦山地震发生时，媒体应对突发灾难的实力比汶川地震时提高许多，对地震的重视程度也大大提高。为了挖掘到更多的新闻资源，不输给同行，从中央到地方的各级媒体都纷纷派出记者到震区采访，展开新闻竞争，但庞大的采访队伍却造成了采访扎堆，甚至干扰到了救援。不少媒体派往一线的记者人数大大超出了实际报道需要，出现过度反应、盲目报道、供过于求的情况。

媒体为什么会出现过度反应？从社会心理的角度看，两次地震都发生在四川，芦山地震的发生唤起了人们对汶川地震的社会记忆，媒体不自觉地就以应对汶川地震的报道规模来应对雅安市芦山地震。但实际上两次地震的情况是有差别的。不少媒体缺少地震方面的专业知识，一听到芦山地震的震级有7.0级，就认为非常严重。衡量地震破坏力的不是震级，而是烈度。来自地震专家的判断是："芦山地震震中烈度大约为IX（9）度，而汶川地震震中烈度为XI（11）度……整体而言，芦山地震的灾情应小于5年前的汶川地震。"

与灾难量级不相匹配的报道规模，带来了新的问题。根据李普曼的"拟态环境"理论，媒体通过向公众提示的信息环境，也会对现实环境产生影响。各类传媒是远离震区的人们了解震区情况的主要渠道。因而，当媒体连篇累牍进行轰炸式报道、反复强调严重伤亡、不断进行爱心动员时，人们就会根据媒体提供的信息，在无形中得出认识：震区情况危急，需要更多的人去救援。这种判断，反过来会影响人们的现实行为，激发更多的人拥向震区，热情地提供救援，却造成道路的拥堵，甚至连专业救援队伍也进不去。这样的结果恐怕是"好心办坏事"了。面对灾情，媒体应当首先做出科学理性的判断，"国力投入、媒体动员、民间参与，要与灾难损害符合比例原则，太超过即不成熟"。如果一直传递与实际情况存在较大差距的信息，只会加剧公众与灾区之间的信息不对称，最终带来的只是盲目救援的负担和爱心过剩的尴尬。

四、灾后重建

党中央、国务院对灾后恢复重建工作的高度重视，社会主义制度集中力量办大事的政治优势，为灾后恢复重建提供了根本保证；灾区各级党委、政府的有效组织领导，社会各界的广泛参与，广大干部群众自力更生、艰苦奋斗、与自然灾害不屈不挠抗争的无畏精神，为灾后恢复重建提供了强大动力；工业化、城镇化加快推进，生态文明理念日益深入人心，为灾后恢复重建提供了有利条件；汶川、玉树地震灾后恢复重建的成功经验，为灾后恢复重建提供了有益借鉴。

按照"科学重建、民生优先、安全第一、保护生态、创新机制"的原则，根据资源环境承载能力综合评价，按照主体功能区规划，科学进行重建分区，优化城乡布局，节约集约利用土地，为重建选址提供依据。强化灾区重建功能分区，尊重科学，突出人与自然和谐和可持续发展的原则和精神，分设人口集聚区、农业发展区、生态保护区、灾害避让区等新型城镇化社会功能分区，规划和实施灾区重建进程。

人口集聚区。主要集中在雅安市雨城区、名山区和荥经县的平坝、浅丘地区，以及其他条件相对较好的地区。充分利用该区域用地条件良好、资源环境承载能力较强的优势，承担城镇布局、人口集聚和产业发展的主要功能。

农业发展区。主要分布在东部山前平坝、中部低山丘陵和河谷地带，以及西部高山峡谷区，包括耕地、园地和农村居民点建设用地。充分发挥地理气候优势，重点发展生态有机农业、设施农业和乡村休闲观光农业。

生态保护区。主要分布在北部、西部和南部地区的夹金山、邛崃山、二郎山、大相岭、小相岭，包括世界自然遗产、自然保护区、风景名胜区、森林公园、地质公园等。严格控制人为因素对自然生态和自然遗产原真性、完整性的干扰，实施生态修复，提高水源涵养、水土保持、生物多样性等生态功能，适度发展生态旅游和林下经济。

灾害避让区。主要包括地震断裂活动带引发的难以治理的滑坡、崩塌、泥石流等次生地质灾害易发多发地区及泄洪通道，不宜恢复重建居民住房和永久性设施，位于区域内的住户应实施避让搬迁。

第三节　芦山地震减灾经验及影响

汶川地震5年后发生了芦山地震，这5年间，我国经济社会基础发生了巨大变化，社会信息化水平急剧提高，应对重大自然灾害的社会心理基础更加理性，我国应急管理体制更加成熟和稳健。在党中央和国务院的坚强领导下，抗震救灾工作迅速有序推进，赢得了全国人民和国际社会的一致好评。这场地震也给了我们一些重要启示。

一、芦山之于汶川地震应急管理之变

（一）应对体制之变

在汶川地震应对中，作为一个社会主义制度国家，充分发挥制度优势，迅速动员全国一切救援力量参与抗震救灾工作，举国体制在应对大震巨灾中发挥了不可战胜的巨大作用，让世人见证了伟大的中国所蕴含的磅礴力量。国家层面，地震应对机制启动速度非常快，温家宝总理震后2小时即冒着余震风险赶赴灾区指挥抗震救灾，省、市、县三级层面响应迅速，跟进有力，抗震救灾各项工作迅速开展。但汶川地震经验表明，在救援的黄金72小时内，有效的救援力量并非来自外部的"公共"救援力量，而是依靠灾区自身的救援力量和自救实施的，且在一个狭小的地震灾区，现场短时间内会聚了中央、省、市三级抗震救灾指挥部，出现了指挥层级较多，信息收集与共享欠缺、传达不畅的问题，影响了汶川地震应急决策的准确与有效。

芦山地震在国家层面应急预案中，顶层设计更加明晰，重大自然灾害应对机制特别强调属地管理原则，在此次地震应急工作中，抗震救灾工作全面由四川省抗震救灾指挥部统筹指挥，让熟悉灾区地形、环境和资源配置的当地政府、社会组织及公众参与救援工作，外部力量则主要承担物资供应、配备资源等任务，使整个抗震救灾工作运转高效、快捷、有力，也起到了减灾的作用。此项经验在2014年8月3日云南鲁甸6.5级地震应对中所起到的积极作用更加明显。

（二）应急响应之变

此次芦山地震应急将灾情信息收集放在首位，因为它决定了救援力量配置和救灾物资供应决策，确保第一时间、最强的救援力量、急需救援物资投放到最需要的重灾区。震后1小时19分，四川省启动应急预案，成立四川省抗震救灾指挥部；震后1小时32分，启动灾区灾情航拍，第一时间配置卫星电话通信频段，向灾区投放卫星电话终端，努力将灾区信息传递出来；震后5小时38分，指挥部获取了第一份灾区遥感图。22日，即震后第二天，灾区所有县乡道路恢复通行，确保了外部救援力量的顺利进入。这与汶川地震应急时，第一时间内将所有的外部救灾资源配置给汶川，却未能注意到受灾更为严重的北川县，的确是一个巨大的进步。

（三）政府与社会合作格局之变

汶川地震政府与社会合作通过协同的工作机制，对抗震救灾的社会资源、捐助力量进行有序的融合和调整，即民间组织与各级抗震救灾指挥部合作开展抗震救灾工作。芦山地震后，第五天，四川省抗震救灾指挥部即成立社会管理服务协调小组和社会组织与志愿者服务中心，建立常态化、制度化的合作路径，实现政府与社会的资源、信息共享。

据统计，汶川地震社会各界救灾捐款58.1%流向了政府各部门，而芦山地震社会各界救灾捐款流向政府的比重下降到42.1%，壹基金救援联盟、红十字蓝天救援队等非政府组织（NGO）获得捐款的比重则上升到57.9%，说明救灾渠道的发展日趋多元化、社会化、非政府化，各类社会组织在民间救灾过程中日益发挥重要作用。

二、灾难报道中的传媒角色和责任

灾难中的媒体应当将镜头对准谁？这是一个拷问媒体专业选择的问题。答案显然不是借慈善做广告的企业，不是用套话部署指挥的官员，也不是沉浸在失去亲人悲痛当中的人们，更不是标榜敬业自我推销的媒体人，媒体的镜头应该也只能对准灾区、灾民和救援者！

这牵涉到媒体在抗震救灾中的角色定位，作为社会变动的监测者和瞭望者。媒体首先要做好的就是震区灾情的监测和守望，即报告伤亡和救援情况、救灾物资的供给情况，帮助离散家属寻找亲人，服务救援工作，提供救援指导和灾后防疫知识等信息。在灾情稳定之后，媒体则要做好对受灾民众的心理抚慰与疏导，提供精神鼓励。在抗震救灾的任何一个阶段，媒体都应该时刻提醒自己不要忘记自己的职业角色。

媒体本身是帮助公众更好地了解环境变动的机关，倘若传媒在环境变动前都迷失和盲从了，又何谈给公众提供清晰、正确、有价值的信息呢？更何况大众传媒是公共资源和平台，应为公众的利益服务。因此，媒体在灾难报道中更有必要自我反省以下问题：采访和报道是否尊重了公众的心理感受？报道的内容是不是公众最需要的，是否背离了媒体的社会职责？报道的呈现方式，是否会引发公众的质疑和批评？理性、专业、真诚、负责，永远是灾难报道中不应该忘记的准则。

整体上看，这次芦山地震继承了汶川地震报道中信息及时公开和以人为本报道的传统，但是也存在着过度反应、报道议题偏题、出现失实、煽情和自我营销等做法，而这些折射的正是我国媒体灾难报道中不够专业、理性的现状。如果说汶川地震给中国媒体带来的最重要的启示是，学会以人为本、更加人性化地采访报道的话，那么芦山地震教给中国媒体的应当是恪守理性，冷静客观地报道事实。这包括理性地判断受灾情况，合理配备一线采访力量；理性地传递救援进展的真实信息，提醒并引导公众有序地参与救援，而非过度动员非专业人士奔赴灾区；理性地选择报道内容，做好把关人，打破信息不对称，报道事实而非渲染事实，更要避免失实；理性地躬身反省，杜绝一切带有公关或作秀嫌疑的自我营销行为；理性地看待政府、企业、明星、志愿者和灾难本身。

面对这两次地震尤其是芦山地震中媒体报道出现的问题，当前媒体最需要做的就是重新明确媒体的角色。只有认清自我，增强职业意识，我国媒体才会成为真正负责任和有公信力的媒体。

三、微信、微博等新媒体在灾害信息报道中扮演重要角色，标志着信息传播进入自媒体时代

（一）微信、微博给力响应，成为外界与灾区沟通的桥梁

地震发生后，雅安部分地区通信受阻，电话、短信不通，而此时网络却畅通无阻，微信、微博第一时间成为了震区人民与外界、家人、朋友联络的给力工具。如，网友"卯卯66"说：我必须要说，今天微信真的是最给力的！那一时间啥都接不通了，是用微信把我爹呼叫到了。四川电台经济频率主持人"DJ雨小轩"说：我真想说关键时刻还是微信给力！屋头联通、移动、电信一个都不通……

（二）新媒体反应迅速、高效，不拥堵，通信运营商主动"让贤"

在雅安芦山地震中，播报信息最快、传递信息最广、现场感最强和传递信息最丰富的荣誉不属于任何一家媒体，而是属于新浪微博。截至4月20日17时，据新浪微博统计：有关四川雅安市芦山县7.0级地震的微博总数6400万条；寻人微博总数231万条；报平安微博总数1008万条。

如果将这些微博内容看作一次新闻报道的话，报道速度、报道内容的翔实程度、报道人员的组成（包括四川雅安当地居民）都超越了传统媒体所能做到的。事实上，大多数传统媒体人在听到雅安地震后，第一件事就是上微博了解相关信息。可以说，微信、微博展示了全民皆为报道者的景象，展现了信息及时到达的特性和信息传播的威力。

通信运营商也建议用户多用微信、微博交流，将通信通道留给救援队伍。中

国电信四川客服：雅安地震，小编已经收到部分客户抱怨C网通话出现故障的问题，请各位放心，我们将全力保障通信正常，建议大家尽可能地利用微信、短信、微博联系。中国联通也转发了一条微博紧急号召大家尽量用短信和微信联系，切勿不停向四川雅安拨电话，要把电话通道留给最需要的人。并且建议出行应主动避开永丰路和成雅高速，为救援车辆让出生命通道。

（三）微信、微博等自媒体传播的弊端

微博和微信尽管强大，但在芦山地震中也暴露了一些问题。一是信息过载或过少，微博统计表明，在不到12小时的时间里，关于芦山地震的微博就达到了6400万条，如何从浩渺的信息中获得想要的信息成为一大问题。二是信息真假难辨，每当灾难出现，社交媒体中总是"神人辈出"、各种虚假信息横行，社交媒体有产生和传递信息的功能，但不具备纠正错误信息的功能。三是如何筛选信息，用户在社交媒体中基于对人的关注来筛选信息，但无法解决信息分类和信息大量重合的问题。四是深度信息产生传递随机性强，信息在微博中能否产生、能否正确传递到感兴趣的人是随机的，而且微信、微博缺乏对深度的内容的生产能力。

由此可见，海量的微信息仍需通过专业媒体人对信息的生产、筛选、加工和分类，才能成为用户真正需求、具有正确舆论导向的有效信息。新媒体的出现和发展仍需进一步规范。兴利除弊，健康运行尚须时日。

四、防震减灾教育须纳入国民素质教育规划

中国位于世界两大地震带，即环太平洋地震带与欧亚地震带的交会部位，受太平洋板块、印度洋板块的挤压，地震断裂带十分发育。大地构造位置决定了我国地震频繁，震灾严重。经历汶川大地震5年后，还是有很多地震逃生的知识大家并不具备。这次芦山地震发生后，地震波及的成都、重庆，选择跳楼逃生的并非个案，有的失去了生命，有住三楼的人员也在跳楼摔成重伤，让人同情又深感惋惜。如何普及全民的防震减灾知识，制定切实可行的应急措施，让民众知道发生地震及其他自然灾害时怎么办？这些都很有必要。在日本的学校里，每个学生

都配有质量过硬的安全帽和防灾背心，平时就放在座位旁边；政府和公司给每人免费配置"防灾应急箱"，里面有最重要的6样东西：橡胶指垫的棉手套、应急食品、清水、蜡烛及火柴、保温雨衣和强力尼龙包；楼房设有应急逃生通道；防震知识家喻户晓，基本技能人人皆会。这些做法值得我们学习和借鉴。

第七章　鲁甸地震——我国农村防震减灾基础薄弱

▌第一节　鲁甸地震的基本概况

一、地震事件

2014年8月3日16时30分在云南省昭通市鲁甸县（北纬27.1°，东经103.3°）发生6.5级地震，震源深度12千米。震中距离昭通市区约49千米，距离凉山州约134千米，距离六盘水市约161千米，距离攀枝花市约167千米。云南昆明，四川成都、乐山，重庆等多地有震感。

二、构造特征

鲁甸县位于云南省东北部，昭通市南部，牛栏江北岸。县境东西横距50千米，南北纵距60千米，总面积1519平方千米，其中山区占总面积的87.9%，坝区占12.1%。此次地震的发震构造是北北西向包谷垴—小河断裂，该断裂属于北东向昭通—鲁甸断裂系的次级横向断裂，震源机制结果显示为走滑型破裂。

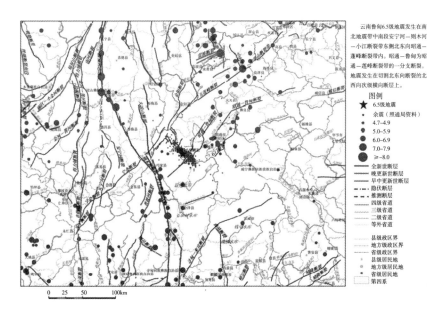

云南鲁甸6.5级地震发生在南北地震带中南段安宁河—则木河—小江断裂带东侧北东向昭通—莲峰断裂带内。昭通—鲁甸为昭通—莲峰断裂带的一分支断裂。地震发生在切割北东向断裂的北西向次级横向断层上。

图例

★ 6.5级地震
· 余震（照通局资料）
· 4.7~4.9
· 5.0~5.9
● 6.0~6.9
● 7.0~7.9
● ≥-8.0

—— 全新世断层
—— 晚更新世断层
—— 早更新世断层
-·-·- 隐伏断层
- - - 推测断层
—— 四级省道
—— 三级省道
—— 二级省道
—— 等外省道

—— 县级政区界
—— 地级政区界
—— 省级政区界
· 县级居民地
◎ 地方级居民地
◉ 省级居民地
▭ 第四系

0 25 50   100km

云南鲁甸6.5级地震区域地震构造图

三、烈度分布

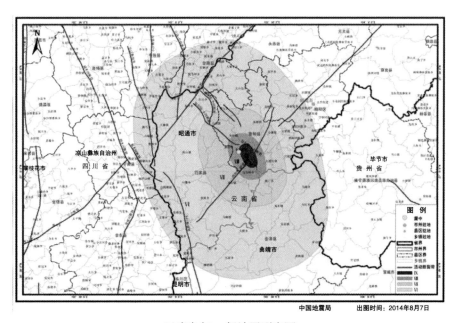

中国地震局   出图时间：2014年8月7日

云南鲁甸6.5级地震烈度图

2014年8月3日，云南鲁甸发生6.5级地震。中国地震局现场工作队通过灾区震害调查、强震动观测记录分析、遥感震害解译等工作，确定了此次地震的烈度分布。

此次地震灾区最高烈度为Ⅸ度，等震线长轴总体呈北北西走向，共造成云南省、四川省、贵州省10个县(区)受灾，包括云南省昭通市鲁甸县、巧家县、永善县、昭阳区，曲靖市会泽县；四川省凉山彝族自治州会东县、宁南县、布拖县、金阳县；贵州省毕节市威宁彝族回族苗族自治县。

Ⅸ度区主要涉及云南省昭通市鲁甸县龙头山镇、火德红镇和巧家县包谷垴乡，面积为90平方千米。

Ⅷ度区主要涉及云南省昭通市鲁甸县龙头山镇、火德红镇、乐红镇、水磨镇；昭通市巧家县包谷垴乡、新店镇，曲靖市会泽县纸厂乡，面积为290平方千米。

Ⅶ度区涉及云南省昭通市鲁甸县、巧家县、曲靖市会泽县，面积为1580平方千米。

Ⅵ度区涉及云南省昭通市鲁甸县、巧家县、永善县、昭阳区，曲靖市会泽县；四川省凉山彝族自治州会东县、宁南县、布拖县、金阳县；贵州省毕节市威宁彝族回族苗族自治县，面积为10350平方千米。

四、灾情特征

此次地震造成617人死亡、112人失踪、3143人受伤、25.4万人紧急转移安置。有2.72万户、8.55万间房屋倒塌，4.36万户、12.91万间严重损坏。地震的极震区达到Ⅸ度，Ⅵ度以上的范围达10350平方千米。地震后，探察到新旧地质次生灾害隐患点达1000多处，山崖崩塌堵塞河道，形成红石岩堰塞湖。

地震造成牛栏江红石岩两岸山体发生塌方形成大型堰塞湖，堰塞体位于红石岩水电站取水坝下游600米。堰塞湖库容2.6亿立方米，回水长度25千米，堰塞体方量约1200万立方米，直接影响上游会泽县两个乡镇1015人，堰塞体直接威胁下游沿河的10个乡镇、3万余人、3.3万亩耕地，以及下游牛栏江干流上天花板、黄角树等水电站的安全。鲁甸地震形成的牛栏江堰塞湖，坍塌量和库容远超过汶川

震中区鲁甸县龙头山镇房屋倒塌严重

大地震形成的唐家山堰塞湖，仅坍塌量就是唐家山堰塞体的2倍，是历次重大险情中地质条件最为复杂的一次。处理牛栏江堰塞湖比处理唐家山堰塞湖难度更大，也是这次抗震救灾的最大难点。而最终的结果却是，处理牛栏江堰塞湖险情比处理唐家山堰塞湖险情整整少花了28天时间。牛栏江堰塞湖险情的快速高效处置，是中国救援能力显著提升的一个重要标志。

震后形成的堰塞湖

第二节　地震应急与处置

一、政府响应

高效的应急体系、科学的救灾举措，在与灾难抗争中不断进步。鲁甸抗震救灾以高效的应急体系、科学的救灾举措，彰显着国家治理能力和治理体系现代化的前进步伐。地震发生后，第一时间开始调动一切必要资源，政府、军队与社会力量等无缝衔接，呈现出较之以前更为成熟的救援流程与更加高效的协同模式。

优化救援体系的另一个显著特点，表现为以地方为主，进一步形成统一指挥体系，将各方救援力量纳入，地方根据实际情况提出救灾需求，中央有关部门全力做好协调保障。武警部队首次运用四旋翼无人机，对灾区全貌及救援实况进行俯瞰拍摄，为救援工作提供高效准确的信息参考；首次大范围搭建地震现场指挥调度平台，使救援力量调度更加精准有序；自行式炊事车、应急通信卫星、应急通信车。高科技的应用，实现了以往"人海战术"无法企及的目标。新的备灾模式为救援和群众转移安置赢得了宝贵时间。鲁甸地震后10分钟，云南省民政厅向昭通市、鲁甸县、巧家县和曲靖市的救灾物资储备库同时发出调拨指令。当晚，部分物资运抵灾区。国务院办公厅发出通知，对有序做好支援云南鲁甸地震灾区抗震救灾工作进行专门部署。进入灾区的社会救援组织，运用专业知识、设备和人力，统一有序地参与到抗震救灾中。

（一）党和政府的关心与关怀

得知震情后，中共中央总书记、国家主席、中央军委主席习近平第一时间作出重要指示，要求把救人放在第一位，努力减少人员伤亡，妥善做好群众安置工作。要求有关方面抓紧了解灾情，组织群众避险，全力投入抗震救灾。加强余震监测预报，密切防范次生灾害发生。"把救人放在第一位"，表达着总书记对灾区人民的深切牵挂，体现着党执政为民、生命至上的价值理念。4日一早，受习近平总书记委派，中共中央政治局常委、国务院总理李克强代表党中央、国务院，代表习总书记，飞赴灾区察看灾情，现场指挥抗震救灾工作。国务院工作组紧急赶赴地震灾区代表党中央、国务院慰问灾区群众，指导救灾工作。与此同时，云南省委、省政府负责同志率领工作组火速赶赴灾区。整个应急救援系统迅速高效地运转起来。

（二）省、部应急行动

针对地震灾害，云南省省长李纪恒立即率省政府工作组赶赴灾区，组织开展抗震救灾工作，云南省减灾委、民政厅启动Ⅱ级救灾应急响应，向鲁甸县调拨2000顶帐篷、500件彩条布、3000套折叠床、3000床棉被、3000件棉衣等救灾物资。震后3个半小时，红十字蓝天救援队全国各分队集结完毕。中国地震局工作组出发，国家救援队出发，国家卫生计生委医疗队出发，公安消防官兵出发，通信、电力、道路抢修人员出发，首批救灾物资启程……决不放弃，决不抛弃。各路救援力量谨记总书记"把救人放在第一位"的重要指示，同时间赛跑，与死神抗争，不惜一切代价向震中突进，一场抢救生命、抗击地震灾害的战斗打响了。

（三）军警行动

震后10分钟，云南省武警总队官兵携带各种物资装备向震中进发。在地震发生一个多小时后，救援队即赶到了现场。鲁甸县也行动起来，迅速发动基层党组织904个、党员12536人，投入抗灾一线；巧家县发动基层党组织1680个、党员9600人，及时组织灾情排查，转移安置受灾群众……灾难中，共产党员成了群众的主心骨。灾情发生后，人民解放军和武警部队坚决贯彻落实习近平主席重要指示，闻令而动，紧急出征，昼夜兼程，挺进灾区。30多个小时内，来自成都军区、北京军区、空军、二炮和武警部队的近万名官兵全部到达3个重灾县13个重灾乡镇，全力展开生命搜救和转移伤员工作。让绿军装和白大褂同步进入灾区！抗震救灾工作启动伊始，党中央提出了明确要求。军绿色迷彩服、红色橘色的救援队服、医护人员的白大褂、电力职工的蓝制服……废墟上、山脚下、险境中，无数无名英雄奋战的身影，交织出一道道生命的彩虹。

云南省军区司令员张肖南、云南省公安消防总队总队长田国勇等部队领导与云南省领导一起，乘飞机赶赴鲁甸县，现场指挥抗震救灾。各任务部队正坚决克服一切困难，抓住"黄金72小时"集中兵力，争分夺秒抢救人民群众生命。成都军区副司令员石香元率军区前指连夜赶赴一线，指挥救灾。以第38集团军工兵团为主组建的国家地震灾害紧急救援队，已奉命集结100名救援队员和12条搜救犬，可随时出发参与救援行动。第13集团军某陆航旅8架直升机、第14集团军1支洗消分队、空军1架伊尔-76运输机已做好出动准备。

二、社会响应

人们心系灾区同胞的安危，为鲁甸加油，为生命祈祷。根据以往地震灾害的救援经验，越来越多的人懂得，仅凭"一腔热血"蜂拥而至灾区，可能事与愿违。互联网上，网友们探讨在地震中如何自救，如何对受灾群众进行心理疏导。10日10时，云南鲁甸"8·03"6.5级地震遇难同胞哀悼仪式在鲁甸县城举行。笛声呜咽，警报哀鸣，省内各地群众默哀3分钟。在国土资源局办公楼前的场地上有一个简短的哀悼仪式，向遇难的同胞默哀3分钟。同时汽车鸣笛，防空警报鸣响，向遇难同胞敬献鲜花。因为场地条件所限，这一场悼念活动只有不到两百人参加。包括国家有关部委，救灾部队的负责人，以及云南省昭通市和鲁甸县的官员，还有在灾区的各行业代表。

这并不是唯一的哀悼活动，从震中的龙头山镇到省会昆明，都有悼念和默哀活动。那天是农历七月十五日中元节，在西南地区被称为7月半。而在此前的几天，龙头山镇的街头巷尾已经有一些人在烧纸钱，在中元节的前天鲁甸县的文化广场也是有几百名群众自发地点亮烛光，为遇难的灾区群众和救援官兵默哀，同时也为灾区的重建加油。

三、媒体响应

此次地震的抗震救灾信息发布和舆论引导工作更加成熟。一方面，媒体在新闻报道中更加理性、自制，没有刻意渲染过多的悲情，努力做到全面客观地整体呈现抗震救灾工作；另一方面，采用更多的新技术和新手段，信息发布更加及时、公开、透明。例如，云南昭通市政府新闻办公室运营的官方微博"微昭通"动态发布地震灾情、救援工作进展的大量信息。信息直接关系到资源配置，震区出现了什么情况，什么地方需要哪些物资，这次都及时反映出来了。

四、灾后重建

根据资源环境承载能力综合评价和主体功能区定位，科学进行重建分区，合理划分城乡生产、生活、生态空间，节约集约利用土地，为灾后各项建设选址和布局提供依据。原地重建区主要集中在坝区和具备地质安全条件的低丘缓坡地带和河谷地带。要充分利用该区域用地条件良好、耕地相对集中、资源环境承载能力相对较强、经济基础较好的优势，在保护优质耕地和基本农田的同时，适度进行城镇化建设，完善乡镇公共服务功能，有效吸纳安置转移人口。就近新建区主要在龙头山镇及鲁甸县城新建集中安置点，吸纳安置老集镇、堰塞湖淹没区部分人口，配套建设学校、医院等公共服务设施和市政设施，创造良好的居住和商贸、文化旅游环境。综合治理区主要包括滑坡、崩塌、泥石流等地质灾害易发多发地区。要加强地质灾害治理和生态修复，有效减少地质灾害风险，遏制生态恶化趋势。对采取综合治理措施难以消除灾害威胁，不宜恢复重建居民住房和永久性设施的区域，应对该区域内住户实施避让搬迁。用3年时间完成恢复重建任务，使灾区基本生产、生活条件和经济社会发展水平全面恢复并超过灾前水平，人民群众生活质量、基本公共服务水平、基础设施保障能力、生态功能和环境质量明显提升，为全面建成小康社会奠定基础。努力做到户户安居，全面完成居民住房维修和重建，结合实施防震安居工程和农村危房改造工程，推广使用新技术、新材料、新方法，鼓励支持使用轻钢结构，使灾区群众住上安全、经济、实用、省地的住房。不断拓宽就业渠道，不断改善创业环境，有劳动人口的家庭至少有一人能稳定就业，城乡居民收入超过灾前水平。农村民生及社会事业得到较大发展，扶贫开发取得突破，城镇化和新农村建设步伐加快，乡村面貌焕然一新。自然生态系统得到修复，森林覆盖率逐年提高，环境质量有效改善，防灾减灾能力明显增强，生态建设和环境保护迈上新台阶。交通、水利、能源、通信等基础设施功能得到全面恢复，保障水平明显提高，对经济社会发展的支撑能力显著提升。工业和服务业全面恢复，生态农业、文化旅游业等特色产业发展壮大，资源开发利用水平明显提高，可持续发展能力增强。

第三节　鲁甸地震经验及影响

一、鲁甸地震警示我们应加强农村防震减灾工作

此次云南鲁甸县发生6.5级地震，房屋倒塌严重，其中以农村民房受损最

大。由于灾区经济发展水平相对较低，当地群众生活贫困，一些房屋抗震性能偏弱，很多农户仍住在土坯房中。在灾区，不仅土坯房大量倒塌，一些新盖不久，原本外形应当不错的农村民房也倒了不少。即便是砖瓦结构，自建民房的建造质量、特别是承重性能仍普遍难以达到抗震要求，即便是震级并不很高的地震也难以抵御。很多民房基本没有承重结构，加上灾区多为山区地形，山高坡陡，容易引发次生地质灾害，比如泥石流、滑坡、堰塞湖等，给救援和灾后重建造成很大困难。

一次普通的中强地震造成如此大面积的房屋倒塌和人员伤亡，这不能不让人多生出一份痛心，我们农村民房的抗震能力的确太差了。地震灾害频发是我国基本国情之一，而广袤的农村地区则是我国抗震设防工作难度最大的，广大的农村聚居地分散、贫困、落后，基础薄弱，难以聚合、集约发展，成为我国乡村安全发展的困局，也是造成当今我国社会发展中"小震大灾"、"中震巨灾"的主要原因。

面对鲁甸地震令人锥心的灾害损失数据，一些有强烈社会责任感的媒体呼吁各级政府和社会各界高度重视和加强农村农房屋抗震设防工作，全面提升我国广大农村抵御地震灾害的能力。如《环球时报》在震后刊文指出：地震来了，救人第一重要。在以后的一段日子里，是人们最愿意认真思考建筑安全的时候。中国要把每一次地震都当成促进各地农村和乡镇建筑安全的契机。经过一段时间，中国的建筑安全水平就应有一次大的提升。

村镇房屋安全在未来的国家基础设施建设中应占一席显著的位置。它虽然琐细，但如果开展得好，这项工作终将成为大功大德，振奋人心，载入史册。

二、发挥管理体制在抗震救灾中的作用

（一）震后交通管理

有了以往几次地震的经验和教训，此次救灾中总体指挥协调能力有很大进步。芦山地震救援初期一度发生灾区人满为患、生命线通道被堵死、人员进出困难的情况。鲁甸地震发生后，公安部交管局迅速启动地震应急Ⅱ级响应，要求云

南省交警总队对昭通通往鲁甸地震灾区的公路全线实施交通管制，确保运送伤员和抗震救灾人员、物资、装备的车辆优先通行。交通管制应在震后立即实施，进入灾区要有顺序，在保证交通通畅的前提下，先救人再顾及生活。

（二）地方干部发挥指挥和带头作用

8月3日16时30分，鲁甸县龙头山镇发生6.5级地震。16时45分，县委常委、组织部长申时燕了解到震中在鲁甸县，立即群发短信给各乡镇党委书记了解灾情，16时49分收到第一条来自紧邻龙头山镇的水磨镇党委书记的回复短信，说有房屋大面积倒塌，人员伤亡情况不明。紧接着火德红镇、小寨镇、梭山镇纷纷传来消息说房屋倒塌严重，唯有震中龙头山镇联系不上，意识到问题的严重性，县委组织部立即紧急通知，要求全县所有干部立即回到岗位上班。

面对突如其来的自然灾害，县委机关干部职工不约而同，仅20分钟就赶到机关办公室。通过简单分组、动员、准备，33名组工干部在部长申时燕的带领下，分三个组向震中龙头山镇进发，当晚9时分别到达受损严重的龙泉社区、光明村和骡马口社投入到挖刨、转运伤员等工作。其中，县委教育实践活动办公室副主任因休假在龙头山镇，立即组织党员、群众、村组干部开展自救和互助的工作，在外来救援力量未达到之前的4个小时抢救出重伤12人、轻伤20余人。

地震灾害发生后，在县委组织部的积极行动下，组工干部深入受灾乡镇开展抗震救灾工作，对受灾严重的龙头山、乐红、小寨、火德红、江底等乡镇，下派了4个工作组，先后成立了10个临时党支部，建立临时党支部工作站，积极参与救治伤员、转移安置灾民等工作。县委组织部指导建立了抗震救灾临时党支部，加强各安置点物资发放、公共安全、卫生防疫及群众安抚等工作。在重灾区龙头山镇、火德红镇共建立临时支部8个，分别是龙头山镇集中安置点1个，临时医院1个，光明、翠屏、龙泉、八宝各1个，火德红镇集中安置点1个，李家山村1个，党员签到700余名，向救灾党员发放党徽1600余枚。向全县13000多名党员发出倡议书，要求全体共产党员秉承冲锋在前、吃苦在前、牺牲在前的精神，立即行动起来，投身抗灾救灾的战役中。同时，向所有的44名大学生村官、84名新农村指导员、65名驻村常务书记发出紧急通知，要求务必在第一时间奔赴各自所驻村开展查灾救灾工作。截至8月3日晚上，各受灾乡镇和全县各级党组织投入受灾前线的基层党组织达到917个，直接深入一线抢险的党员达到7580余名，三支队伍共128人全部在抗震救灾一线。各临时党支部在指挥部的统一领导下开展工作，为灾区提供组织保障，发挥着坚强的战斗堡垒作用。

（三）志愿者队伍和救援物资管理

在每次大型地震后，都有很多志愿者队伍参与到抗震救灾中，发挥了很好的作用，但也有喜有忧。志愿者活跃在灾区的各个地方，他们参与救援或者发放救援物资。这些救援物资弥补了政府发放应急物资的不足，但是这种随意的发放有时并不平衡。震后初期几天乡镇干部的一项很重要的工作是协调群众和上级政府、发放物资的志愿者、企业的关系。这次地震也提出了如何更好地引导志愿者参加救援行动、参与物资发放的问题。既要吸纳参与、发挥作用，又要协调有序，成为政府救援、扶助行动的有力补充。在发放物资方面，允许志愿者个人或者企业集体到灾区直接发放救济物资，但志愿者最好和乡镇或者村委会联系，协调指导发放，做到平衡。在地震发生后很快就实行交通管制，许多志愿者难以自由进入灾区，这时应建立备案报告机制，交通部门可根据需要适当放行。在灾区实行交通管制后，要有部门牵头登记志愿者，负责和各方面联络的应对方法。

三、构建多元救灾体制

（一）地震保险

8月3日下午，云南鲁甸发生6.5级地震。第二天上午，保险业第一个理赔报案点就已经在震中龙头山镇设立。但是直至6日下午，该报案点仅接到19起报案，其中很大一部分还是工作人员主动联系过来报案的。

6日凌晨，人保财险两辆查勘车利用道路封闭的间隙，克服重重困难，历时8小时抵达震中开展工作。由于场地狭窄，部队等救灾队伍救灾作业难以展开，在总指挥部的统一指挥下，工作组还未展开工作就撤离了震中。

不难看出，在大灾发生之后的72小时黄金救援期，灾区集中全力要做的事情还是抢救生命和安置群众，保险业发挥的作用有限。对于保险业来说，针对本次地震的实际情况，一方面，要以灾区的生命救援为重，积极做好政府震中救援的相关配合工作；另一方面，要利用条件尽快先行做好震中外围的查勘理赔，一旦震中区条件具备，马上进入开展工作，帮助灾区尽快恢复再生产。

1.首先服务于救人

在救灾体系中，保险业作为减震器，最大的作用还是在救援之后的损失补偿和灾害救助，而救灾前期能做的主要还是对灾区急需物资的补给和对政府救援的协助。这也在本次救灾过程中得到了体现。

在灾区特别是震中龙头山镇，所有工作都紧紧围绕着救人在展开。云南保监局抗震救灾小组要求各保险公司在接报、查勘、理赔等方面，一律服从抗震救灾指挥部"不给救灾添乱"的统一部署。此外，抗震救灾小组结合实际调整工作安排，要求已在龙头山镇设立了临时报案点的中国人寿同时受理所有保险公司客户的报案（业内再行分解），并将报案点的标识改为"云南保险业地震报案点"，为灾区群众提供便利。

与此同时，各公司也因地制宜开展了救援协助。如人保财险云南省分公司第一时间将2500箱矿泉水，连夜发往震中灾区并立即移交给政府抗震救灾指挥部，投入到救灾工作中。同时，人保财险总公司紧急组织从成都、武汉、广州应急物资储备基地调度救灾帐篷发往灾区，在第一时间解决了部分灾区的燃眉之急。而平安产险云南省分公司在火德红乡救护车紧张的情况下，马上安排查勘车协助转运伤员30多人次，得到了各方的肯定。

人保财险刚刚建立的应急救援体系虽然在本次救灾中发挥了积极作用，但下一步还要完善救灾物资储备制度，增加储备物资的数量和种类，增配应急服务车，进一步提升应对大面积自然灾害和突发事件的能力和水平。

2.理赔原则关乎大局

除了救灾思路之外，对保险业来说更重要的还是大灾之后的理赔原则问题。虽然每次大灾之后，为了给灾区受灾群众提供力所能及的帮助，保险业的理赔方针都是应赔尽赔，能赔则赔，但是保险业还是要坚持"重合同、守信用"原则，充分履行契约精神，严格按照保险合同的约定处理赔案。

针对此次地震灾害人员伤亡和财产损失大、部分险种未扩展地震责任的情况，为做好理赔处理、避免应对不当造成的舆论风险，云南保监局结合历次地震保险理赔经验，提前与各家公司沟通，初步制定了相关险种处理预案。特别是对于"地震及次生灾害"除外责任条款的适用、地震引发次生灾害的合理认定，各家行业主体主动协调，统一处理原则和口径，避免因个案或个别公司处理及宣传不当影响行业声誉。

3.理赔实际引导产品设计

从目前各家保险公司收集到的报案情况来看，无论是产险还是寿险，除了车险外，个人投保的情况都占少数。当前出险较多的还是以集体投保的学平险和政策性农险为主。这与鲁甸的经济发展水平不无关系。2013年鲁甸县农民人均纯收入为4273元，而2013年全国农村居民人均纯收入为8896元。由于保费统计以州市为口径，整个昭通上半年保费收入仅为5.7亿元，在云南16个州市排名第11位，甚至不及沿海省级机构一个月的保费收入。

在贫困地区，老百姓的主要财产还是住房，这就凸显了农房保险在这些地区相比于其他保险的重要性。可以给灾区的百姓算一笔账，60平方米的抗震安全房，每平方米1000元左右，也就是6万元左右就能建起安全的抗震房屋。这也正是云南在设计巨灾保险时主要承保农房的考虑，地震发生后，保险赔付一部分，民政部门补贴一部分，基本能将房屋损失覆盖，保证受灾农民能够有能力重建家园。在四川成都试点的农房保险也正是基于这一初衷。事实上，成都开展的试点很大程度上是当地财政为老百姓的保费买单。受各地财政实力差异的制约，云南作为经济不发达地区，如何大范围内推广，还需要从上而下的制度来规划、实施。

（二）提高政府救灾效率

如何保证地方政府在整个救灾工作中，按照中央政府的既定目标开展防灾、减灾、救灾和灾后重建工作，成为救灾工作能否有效实施的重要问题。在中央政府的既定目标下，选择合适的博弈规则，满足激励相容，使地方政府在自利行为下所选择策略能够让配置结果与中央政府预期目标达到一致。首先要在相关政策的制定过程中明确规定中央政府和地方政府的职责范围，强调在救灾过程中地方为主、中央为辅的原则，并把救灾机制建设中各阶段政府所负责的具体工作落实到相关责任人，对于救灾工作渎职的责任人制定严厉的惩罚措施，对表现积极、突出的行政官员给予政治、经济上的奖励；其次，对于救灾工作部分环节制定一定的指导规则，使得地方政府的救灾工作有规可循，还可以通过各项具体指导规则的落实情况，对相关责任人的救灾工作进行评判和监督。如灾害领域科研投入比重，救灾专项资金的财政拨付比例，每年进行救灾演练的次数，救灾宣传工作投入比重等；最后，加强对政府救灾工作的监督。通过惩罚与激励制度的规定，以及救灾各环节工作规则的设定和救灾行为的监督，将有效地提高政府的救灾效率。

（三）优化救灾物资配置

资源的有效配置是机制设计中必须满足的一个条件，面对大量的救灾物资，其合理利用和高效配置成为救灾工作的重要环节。救灾物资的管理，一是要加强对负责救灾物资管理部门的监管，防止救灾物资的挪用与侵吞；二是地方政府要较为准确的掌握本地区灾情信息，了解实际所需物资情况，上报上级救灾管理部门和通过新闻媒体向社会发布，合理地引导救灾物资的配置；三是通过监督和审计部门向全社会及各捐助团体公布救灾物资的使用情况。面对数额巨大的政府拨款，国内外个人和社会团体捐款，救灾资金的管理，一是设立专业机构对救灾资金进行管理，并把纪检、审计等监管部门纳入此机构；二是资金的使用要以效率为导向进行配置，除了灾民的基本补助之外，要通过发挥资金的扩展功能，多渠道增加灾民收入，如以工代赈、免费技能培训和小额免息贷款等；三是通过特殊政策和资金支持，优先发展劳动密集型、符合灾区环境承载力要求、能够大量吸收灾民就业的企业。并通过财政注资，使大型国有企业尽快恢复生产能力，发挥其对经济发展的带动作用。

（四）扶持民间救灾力量

通过引入多元的救灾主体，使各参与主体如实显示自己的信息，提高救灾效率，弥补政府和市场的失灵 。 在地震救灾力量中，除了政府庞大的救援队伍之外，志愿者、大量民间救灾物资、自发组织的民间救援团队、企业组织的专业抢救队拥入灾区，大大地显示了我国民间的强大力量和民族凝聚力，为灾区人民做出了巨大的贡献 。 对于民间组织参与公共事务建设，我国一直处于薄弱环节，民间组织在我国公共事务活动中日益表现出来的巨大能量，使得加强民间组织参与救灾工作，成为政府亟待解决的新课题 。政府要以此为契机， 扶持民间救灾力量逐步发展成为一个有组织、有规模和专业性强的常设救灾辅助组织。

第八章 印尼海啸肆虐"地球村"

第一节 印度尼西亚苏门答腊岛8.9级地震概况

一、地震事件

2004年12月26日发生在印度尼西亚苏门答腊岛8.9级大地震，是人类用仪器记录地震波以来几个少数矩震级达到9级的大地震之一。由于地震海啸造成巨大的人员伤亡和财产损失，一般称本次事件为印度洋海啸或南亚海啸，科学界称为苏门答腊—安达曼地震。这次地震引发的海啸，在没有预警与预防的情况下，袭击了印度洋沿岸十余个国家，它所造成的人员伤亡与社会经济损失之严重，在世界海啸灾难史上是空前的。由于事发地点位于旅游景点附近，加上正为圣诞节的旅游旺季，受灾地区云集了大量的本地和外国旅游者，来自不同国家的游客成了这次灾难的受害者。可以说，在大震巨灾面前，人类所赖以生存的地球，更像一个小小的"村落"，因此爱护地球，顺应自然，保卫人类共同的家园，是每一个地球人的共同责任。

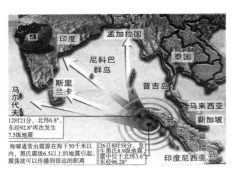

12时21分，北纬6.8°、东经92.8°再次发生7.5级地震

海啸通常由震源在海下50千米以内、里氏震级6.5以上的地震引起，震荡波可以传播到很远的距离

26日8时58分，发生里氏8.9级地震，震中位于北纬3.6°、东经96.28°

苏门答腊—安达曼地震波及范围图

此次地震发生在"环太平洋地震带"的地震频发区域。地震和海啸波及到孟加拉、印度、马来西亚、缅甸、新加坡和泰国等国家和地区。

根据余震分布及有限断层模型计算，此次地震的破裂长度为1200～1300千米，破裂带平面宽度约为100千米，破裂面实际宽度约160千米。地震破裂总面积约为18万平方千米。

这次地震的M_w震级（矩震级）为9级，是1964年阿拉斯加M_w9.2地震以来最大的地震，其释放的能量约为$4×10^{29}$J，相当于1976—1990年全球地震释放能量的总和，也相当于23000颗广岛原子弹的能量。

二、构造特征

被称为"千岛之国"的印度尼西亚和我国一样，也是一个多地震的国家，与我国不同的是，印度尼西亚主要以板块边缘地震为主。印度尼亚于处于欧亚板块、印度—澳大利亚板块和太平洋板块三重连接的地区，欧亚和环太平洋这两个主要地震带穿过该国。每年大约发生一万多次地震，其中7级以上地震1~3次。这一地区的海域逆冲型地震经常会引起海底出现大面积升降，出现重力差，这种地震非常容易引起海啸。

此次8.9级大地震发生在印度洋板块与缅甸微板块（南亚板块中的微板块）的边界。它是由于印度洋板块沿着巽他海沟向缅甸微板块底下俯冲过程中积累的应变能突然释放和同时伴生的海底快速下陷所造成的。

三、地震灾情

海啸通常发生在环太平洋地震带附近的海岸，因此濒临太平洋的国家（地区）的政府都建立了有效的海啸预警系统，且为当地人民所熟知。而印度尼西亚群岛也曾遭遇海啸，但苏门答腊岛海岸乃至整个印度洋海岸上次遭遇海啸是在1883年克拉卡托火山爆发所导致的海啸。因此，此次地震和海啸所导致重大伤亡，是由于当地人百年没遇过海啸，对海啸缺乏认识，更不用说从各种先兆现象中预知海啸了。印度洋沿岸各国（地区）并不重视海啸的威胁，没有建立有效的海啸预警系统。

此次海啸的波及范围达到6个时区之广，仅次于1960年智利大地震所引起的海啸。肯尼亚、索马里（东三区）、毛里求斯、法属

印度尼西亚海啸袭击后的场景

留尼汪、塞舌尔（东四区）、马尔代夫（东五区）、印度（印度半时区）、孟加拉国、斯里兰卡（东六区）、缅甸、澳属科科斯（基灵）群岛（缅甸半时区）、印度尼西亚（西部）、泰国（东七区）、马来西亚和新加坡都遭遇了海啸的冲击，导致不同程度的人员伤亡和经济损失。据美国地质调查局网站2005年2月23日的更新数据显示，有28.08万人死亡，1.41万人失踪，112.69万人转移。死难者大多数在印度尼西亚，为23.58万人，在斯里兰卡死亡3.09万人。

四、什么是海啸，为何它如此凶猛

海啸由地震引起海底隆起和下陷所致。海底突然变形，致使从海底到海面的海水整体发生大的涌动，形成海啸袭击沿岸地区。由于海啸是海水整体移动，因而和通常的大浪相比，破坏力要大得多。

受台风和低气压的影响，海面会掀起巨浪，虽然有时高达数米，但浪幅有限，由数米到数百米，因此冲击岸边的海水量也有限。而海啸就不同了，虽然海啸在遥远的海面只有数厘米至数米高，但由于海面隆起的范围大，有时海啸的宽幅达数百千米，这种巨大的"水块"产生的破坏力非常巨大，严重危害岸上的建筑物和人的生命。据日本秋田大学副教授松富英夫调查，这次印度洋大

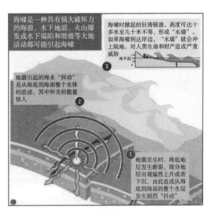

海啸产生示意图

海啸在泰国沿岸把一艘50吨重的船从海边推到岸上1.2千米远的地方。从有关数据来看，海啸高达2米，木制房屋会瞬间遭到破坏；海啸高达20米以上，钢筋水泥建筑物也难以招架。

海啸的特征之一是速度快，地震发生的地方海水越深，海啸速度越快。日本产业技术综合研究所活断层研究中心负责人佐竹健治说："海水越深，因海底变动涌动的水量越多，因而形成海啸之后在海面移动的速度也越快。如果发生地震的地方水深为5000米，海啸和喷气机速度差不多，每小时可达800千米，移动到水深10米的地方，时速放慢，变为40千米。由于前浪减速，后浪推过来发生重

叠，因此海啸到岸边波浪升高，如果沿岸海底地形呈 'V' 字形，海啸掀起的海浪会更高。"

在遥远的海面移动时不为人注意，以迅猛的速度接近陆地，达到海岸时突然形成巨大的水墙，这就是海啸。人们发现它时再逃为时已晚。因此，有关专家告诫人们，一旦发生海啸要马上离开海岸，转移到高处安全的地方。

第二节　国际大救援

此次地震和海啸破坏程度之大，影响范围之广都为人类历史上所罕见。空前的浩劫刺痛着人们的心灵，巨大的灾难让人们自发地团结在一起。在各受灾国家（地区）上下同心救助灾民、重建家园的同时，国际社会纷纷伸出援手，与受灾国家（地区）和人民一起共同应对这场劫难。

印度尼西亚是此次受灾最为严重的国家，印度尼西亚国家减灾协调局发布的数据显示，死亡人数达234271人，失踪者为1240人，4.4万人接受救治，另有61.7万人沦为难民。亚齐省西南岸17个村庄消失。国内旅游业和商业受到强烈冲击。灾难发生当天，印度尼西亚总统苏西洛宣布此次灾难为国难，并对死难者表示哀悼。

联合国当时宣布展开"有史以来最大支出的一次跨国救灾行动"。各国政府和非官方组织都发起大型赈灾筹款活动和提供各种帮助，尽力避免伤亡进一步急剧成倍上升。红新月会及红十字会、联合国、美国、欧盟、加拿大、澳大利亚、中国等对灾区提供或准备提供援助。包括中国在内的40多个国家、地区和国际组织承诺向受灾国提供捐助。各方承诺的捐款额已达20亿美元，超过了联合国在2004年收到的人道援助总额。包括中国在内的许多国家和地区还派遣了医疗救助小组昼夜兼程赶赴灾区，在极为恶劣的环境下进行遗体鉴定、医治伤员、发放物品等艰巨工作。在各国政府积极行动的同时，各国民众也慷慨解囊，自发开展了捐款赈灾活动。

联合国提供了8100万美元的援助。中国政府为受灾国家提供价值5.2163亿元人民币的救援物资和现汇。美国捐助3.5亿美元，并通过国际红十字会向受灾国家提供了400万美元的援助，并且派出直升机和12艘军舰前赴救援。日本捐助300万美元并提供价值4000万美元的救援物资。欧盟捐助5300万欧元，其中德国提供300万欧元。匈牙利向受灾国派出救援小组并提供了价值约合39万美元的救援物资。卡塔尔、沙特阿拉伯和科威特共捐助2200万美元。澳大利亚提供了4600万美元的援助。世界上许多国家的救援队前往灾区协助救灾。谷歌也建立了一个旨在帮助人们了解详情及捐款的网页。

第三节　减灾基本经验及影响

一、大震巨灾，呼吁全球治理

一个由印度尼西亚总统苏西洛提议，国际社会普遍响应的东盟地震和海啸灾后重建问题各国领导人特别会议于2005年1月6日在印度尼西亚举行，这是人类历史上首次为应对大震巨灾而召开的国际协调会议。23个国家的元首、政府首脑和国际组织特别代表参加了会议，共同商讨了国际社会协助受灾国赈灾、重建和加强防灾合作等问题。国务院总理温家宝应邀出席此次国际峰会。

在全球化时代，灾难和风险成为推动人类参与跨国合作、全球治理、区域治理的重要动力。此次印度洋沿岸地区的救灾工作，就是一个典型的区域治理课题。温总理在会上建议启动多项区域治理机制，就海啸联合预警体系来说，不仅印度洋沿岸地区要建立一个，中国与东南亚国家也要共建一个。

虽然这是一场区域性灾难，救援工作却具有十足的全球性，是人类历史上规模最大的跨国人道主义救援行动，面对大震巨灾，需要全球性协调行动，共同预防，减轻灾害损失。

二、灾前预防比灾后救援更经济更人道

联合国前秘书长科菲·安南说："灾前预防比灾后救援更经济更人道。"这句名言从经济学的角度，诠释了灾害预防的极端重要性和对人类文明发展的重大推进作用。

据泰国《国家报》报道，泰国的气象专家因为担心会给旅游业造成重大损失而没有发布海啸预警。他们只是希望海啸不会出现。

同样的悲剧也发生在印度。据当地媒体透露，事发当天，印度当局其实早就得知发生海啸，当时，海浪距离印度本土还有数百千米。但由于种种原因，最终没有及时向沿海地区居民发出警报，酿成了上万人死伤的重大悲剧。

自然在与人类共处的过程中所表现出来的这种冲突和融合，与其说是天灾，倒不如承认也是人祸。抛开海啸预警系统不提，一个国家、一个地区、一座城市都应该有自己的应急防灾系统。虽然突发性自然灾难具有更多的反常性，但是对于自然灾害的预警机制，却没有在这次海啸中体现出来。当这些为百年大灾准备的"生命维系系统"成为一种漠然的摆设的时候，人类就得为此付出生命的代价。

三、发展经济岂能忘了减灾

当人们都在感叹印度洋大地震和海啸天灾难测的时候，有环境专家认为，此次灾难之所以造成这么大的人员伤亡，与人类活动不无关系。

（一）占了不该占的土地

国际自然保护联盟的首席科学家杰夫·麦克尼利认为，人类活动，特别是在海滨旅游地兴建度假设施，以及对自然环境造成的破坏，也是造成海啸发生后大批人死亡的原因之一。

麦克尼利说，从地质学的角度来看，发生地震并引发海啸是自然界的正常现象。然而一次海啸造成几十万人死亡，却并不能完全归咎于大自然的残酷。他说："造成这场灾难的原因，是人们建造了太多旅游设施，占据了本来不该占的土地。"麦克尼利曾在印度尼西亚和泰国旅居数年。这

被称为"海岸卫士"的红树林

两个国家在此次大地震和海啸中均受灾严重。他说："传统的村落都是建在内陆。50年前，海边并不像现在这样酒店林立。为了吸引游客，现在许多国家在海边盖起了密密麻麻的旅舍、饭店。"麦克尼利认为，这无疑增大了人们受到自然灾害侵袭的危险。

（二）砍了红树林，移走了减灾的天然屏障

麦克尼利同时指出，珊瑚礁以及生长在海岸边浅水地带的红树林都能保护海岛免受海啸的侵袭。当海啸来袭的时候，海浪首先要经过珊瑚礁，会因受到礁石的阻力而降低速度。海浪上岸后经过红树林，速度进一步减小。尽管海浪可能会穿过红树林，但那时它的威力已经很小，不足以对内陆的安全构成太大威胁。印度和斯里兰卡的自然资源保护管理者也曾警告说，红树林对保护海岸线有极大的价值。

麦克尼利说："为了在海边建养殖虾的池塘，过去几十年里很多红树林被砍光。这些红树林长在海边水浅的地方，实际上形成了抵挡海啸的天然屏障。过去二三十年里，因为不懂长期保留红树林的道理，海边的红树林被砍光，政府做出让步，让外地人在海边建造虾养殖场。这些虾被卖给欧洲国家和其他国家，但是虾的价格里并没有包括人类今天为环境遭到破坏所付出的代价。"

绿色和平组织的布莱德·史密斯也认为："在亚洲，许多国家的海岸线都在遭受不同程度的破坏。人们在这里修建公路、建造渔场、建设旅游场所等，都在破坏着这些海岸线的自然抵御能力。"

四、灾后重建岂能全靠他人解囊，发展中国家需建防灾保险体系

天灾无可避免，在最大限度地提高灾难预测准确度以降低灾难后果的同时，灾难后的救济就显得至关重要。

路透社2004年11月30日的报道指出，灾后赔付将再度体现南北差异。来自亚洲不发达国家或地区的遇难者买保险的寥寥无几，而那些遇难的欧洲游客，即使尸体没有找到，家属得到的保险赔付也将分文不差。

一些保险业者指出，虽然此次地震和海啸灾害造成的死亡人数空前，但受灾国家大多是发展中国家，生活水平和劳动力价格偏低，因此对个人和当地机构赔付的保险金数额相对较低。而且更为重要的一点是，在受灾地区，只有很少的人为自己买了生命保险。对此，许多社会学家和政府官员均表示，这对于受灾的个体来说绝非是好事，因为绝大多数灾民由于没有任何的防灾保险意识而陷入了无法恢复的困境之中，乃至永无翻身的可能。

瑞士再保险集团说，这又是一次典型的亚洲发展中国家的灾难。"9·11"事件使保险公司赔付了创纪录的210亿美元，但最近几十年造成人员死亡最多的几次灾难，包括1970年孟加拉洪水、1991年孟加拉飓风，保险公司几乎没有任何赔付记录。

人身保险给2004年美国飓风和日本地震受害者提供了重建生活的希望，但是同样的事情却不会出现在印度尼西亚、斯里兰卡、印度和泰国。"很多死难者来自贫困阶层，几乎都没有保险。"印度人寿保险公司发言人说，"有的家庭整个被冲走，也就没有人来进行索赔。"他说，只有四分之一受害者依法有权得到保险，而这些人中能将赔偿金拿到手的恐怕又只有四分之一。

五、学习科普知识预防海啸

1. 认真学习海啸形成和征兆的相关知识，并教给你的亲朋好友。切记，因为这是救命的知识！在此次印尼海啸灾难中，10岁英国女孩蒂莉·史密斯运用地理知识，迅速发现了南亚海啸的危险征兆，使泰国度假胜地大约100名游客免遭灭顶之灾。

2. 如果海啸警报响起时你正在学校上课，要听从老师和学校管理人员的指示行动。

3. 如果海啸警报响起时你在家，请召集所有家庭成员一起撤离到安全区域，同时听从当地救灾部门的指示。

4. 如果你在海滩或靠近大海的地方感觉到地震，应立刻转移到高处，千万别等到海啸警报拉响才行动。海啸来临前，不要待在同大海相邻的江河附近。近海地震引发的海啸往往在警报响起前袭来。

5. 外海海底地震引发的海啸让人有足够的时间撤离到高处，而人类有震感的近海地震往往只留给人们几分钟时间疏散。

6. 海岸线附近有不少坚固的高层饭店，如果海啸到来时来不及转移到高地，可以暂时到这些建筑的高层躲避。海边低矮的房屋往往经受不住海啸冲击，所以不要在听到警报后躲入此类建筑物。

7. 礁石和某些地形能减缓海啸冲击力，但无论怎样，巨浪对沿海居民构成严重威胁。因此在听到海啸警报后远离低洼地区是最好的求生手段。

第九章　日本"3·11"大地震核泄漏的梦魇

第一节　"3·11"东日本大地震

一、地震事件

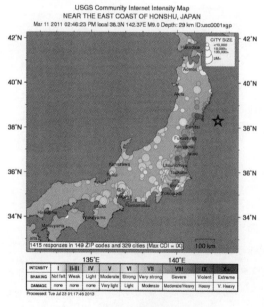

USGS Community Internet Intensity Map
NEAR THE EAST COAST OF HONSHU, JAPAN
Mar 11 2011 02:46:23 PM local 38.3N 142.37E M9.0 Depth: 29 km ID:usc0001xgp

日本"3·11"大地震震中及周边
地区示意图

2011年3月11日，日本当地时间14时46分（北京时间13时46分），日本东北部海域（北纬38.1°，东经142.6°）发生里氏9.0级地震，造成重大人员伤亡和财产损失。地震震中位于宫城县以东太平洋海域，震源深度海下10千米。东京有强烈震感。地震引发的海啸影响到太平洋沿岸的大部分地区。地震造成日本福岛第一核电站1~4号机组发生核泄漏事故，引发核灾难。4月1日，日本内阁会议决定将此次地震称为"东日本大地震"。

由于日本位于亚欧板块和太平洋板块的交界处，一直是一个地震频发的国家，历史上造成重大伤亡的地震也不计其数。仅20世纪日本就发生了几十次7级以上大地震，均造成巨大人员伤亡和财产损失。如1923年9月1日日本关东地区8.3级地震，造成近10万人死亡，4万余人失踪，10万多人受伤，200多万人无家可归，经济损失达300亿美元。

二、地震灾情

此次日本地震，属浅源地震。据统计，自有记录以来，此次地震是全世界第三大地震，第一和第二大地震分别为1960年发生的智利9.1级地震和1964年阿拉斯加8.4级地震。地震造成15870人死亡，2814人失踪，数千人受伤，24.62万人沦为灾民，被迫在2000多个避难所栖身。在建筑物损害方面，约18800栋全毁，若加上半毁或部分受损建筑物，则约高达13.81万栋。

由于这次地震缘于板块间垂直运动而非水平运动，触发海啸，对日本一些海岸造成严重破坏，给整个太平洋沿岸带来威胁。美国地质勘探局地球物理学家肯·赫德纳特说，依据美国国家航空航天局收集的资料，这次强震使日本本州岛向东移动大约3.6米，使地球自转加快1.6μs，地轴移动6μs。此次地震还导致地面下沉，致日本岛地震震区沿海部分地区沉到海平面以下，沉没部分面积相当大半个东京。

三、地震引发海啸

地震发生后，引发了高达24米的地震海啸。位于夏威夷的太平洋海啸预警中心对太平洋沿岸的俄罗斯、菲律宾、印度尼西亚、澳大利亚、新西兰、墨西哥、美国夏威夷等多个国家和地区发布了海啸预警，太平洋沿岸各相关国家已分别采取了预警措施。

夏威夷州首府檀香山市警报长鸣，当地广播反复播发海啸预警，动员居住在沿海撤离区的居民及时撤离。印度尼西亚气象、气候和地球物理机构对该国巴布亚省、北苏拉威西省、北马鲁古省等地发布了海啸预警。日本气象厅对岩手、宫城、福岛三县的太平洋沿岸发布大海啸警报。从北海道至伊豆群岛均发布海啸警报。地震或将引发约6米高的海啸。日本岩手县釜石市观测到最高4.2米的大海啸。

海啸袭来

四、地震导致核泄漏

福岛核电站爆炸燃烧

2011年3月12日，日本福岛县第一核电站1号机组15时06分爆炸后释放大量核辐射，造成重大次生灾害。日本当局建议核电站附近居民应迅速撤离，不要在撤离过程中食用任何东西，尽量不要让皮肤暴露在外。到达安全场地后要更换衣物。应该扩大疏散区域，如不能马上疏散，应提醒居民关闭门窗，关闭空调。

日本经济产业省原子能安全保安院12日宣布，福岛第一核电站1号机组周边检测出放射性物质铯和碘，铯和碘都是堆芯的燃料铀发生核分裂的产物，这表明反应堆堆芯燃料熔化进一步加剧。不过，1号机组的反应堆容器内的蒸汽已被释放，容器内的气压已经开始下降。

对爆炸燃烧的福岛核电站进行灭火抢救

原子能安全保安院官员在当天的记者招待会上说："可以认为堆芯的燃料正在熔化。"堆芯的具体温度还不明确，但设计能够耐1200度高温的燃料包壳已经熔解。这表明，自地震发生后核电站反应堆自动关闭约1天以来，放射性物质的扩散仍然持续，核电站事故已经达到了非常严重的状态。

受大地震影响，日本福岛第一核电站发生放射性物质泄漏，随后1号机组发生氢气爆炸。日本政府把福岛第一核电站人员疏散范围由原来的方圆10千米上调至方圆20千米，把第二核电站附近疏散范围由3千米提升至10千米。日本从两座核电站附近转移17万人。

据日本共同社报道，日本东京电力公司福岛第一核电站3号机组当地时间14日上午11点过后发生氢气爆炸。据电视画面显示，现场冒出白烟。

3月15日早晨，2号机组又传出爆炸声。负责核电站运营的东京电力公司开始撤离部分工作人员。

3月15日，据日本共同社报道，日本福岛第一核电站4号机组发生氢气爆炸后起火，火已经被扑灭。据称，4号机组爆炸是与1、2、3号机组类似的氢气爆炸。

3月26日，1、2、3号机组进行直升机喷水

法新社消息，日本原子能与工业安全局维持福岛核电站爆炸事故的4级定级。此前法国原子能安全机构将日本福岛核电站爆炸事故调升至6级。

3月20日，日本内阁官方长官枝野幸男表示，在东日本大地震中受到破坏的福岛第一核电站最终将被废弃。

3月30日，日本东京电力公司社长胜俣恒久在公司总部举行的记者招待会上说："客观地分析（福岛第一核电站）1~4号机组的状况，可以说将不得不报废。"

4月12日，决定将福岛第一核电站事故定为7级。这使日本核泄漏事故等级与苏联切尔诺贝利核电站核泄漏事故等级相同。

4月19日，福岛核电站第四核反应堆发现高浓度污染积水。日本原子能安全保安院18日夜举行记者会，宣布有一个重大数据出现了差错。据保安院消息，18日下午发表的福岛第一核电站第4号反应堆地下出现高浓度污染积水，其深度不是原先发布的20厘米，而是5米。

法国原子能安全机构将日本福岛核电站爆炸事故调升至6级。而日本原子能与工业安全局则维持原子能安全保安院将福岛第一核电站核泄漏事故等级初步定为的4级。此后，该核电站发生了反应堆燃料熔毁、向外界泄漏放射性物质的情况，原子能安全保安院根据国际标准将事故等级又提升到5级。

3月18日新华网东京电，日本经济产业省原子能安全保安院18日将福岛第一核电站核泄漏事故等级从4级提高为5级。这是日本迄今最为严重的核泄漏事故。原子能安全保安院官员18日在记者会上说，福岛第一核电站1号、2号和3号机组的核泄漏等级为5级，4号机组的核泄漏等级为3级。

3月26日，福岛核泄漏放射量达到6级"重大事故"水平。日本原子能安全委员会启用"紧急状态放射能影响快速预测系统（SPEEDI）"，以各地的放射能测定值为依据，对福岛核泄漏的放射性物质扩散量的数值进行了推算。结果显示，从事故发生的12日上午6时至24日零时止，福岛第一核电站外泄放射性碘的总量约为3~11万万亿贝可。这个数值已经超过美国三里岛核事故（5级），相当于国际评价机制的6级"重大事故"水平。而部分地区的土壤核污染水平，已与切尔诺贝利事故相当。有分析称，核泄漏依然在持续，核电站周边的土地很可能无法再继续使用。根据国际原子能现象评价机制（INES），1986年的切尔诺贝利核事故被定性为最高等级7级的"特大事故"。官方说法是，切尔诺贝利释放的放射性物质总量达到"几万万亿贝可"，也有说法认为，那次事故的放射总量实际为180万万亿贝可。

日本经济产业省原子能安全保安院30日消息说，福岛第一核电站排水口附近海域的放射性碘浓度已达到法定限值的3355倍，这是迄今日本方面在这一水域检测到的最高相关数值。据该院介绍，海水样本是29日下午从福岛第一核电站1～4号机组排水口南330米处所采集，经检测发现放射性碘-131的浓度达到法定限值的3355倍。此外，同一天在5～6号机组排水口北50米处采集到的海水样本显示，放射性碘-131的浓度也达到法定限值的1262倍。

日本原子能安全保安院发言人西山英彦说，还不清楚引起海水放射性物质浓度升高的具体原因，但东京电力公司收集的数据显示，从核电站泄漏的放射性物质有可能已进入海里。受污染的海水现阶段还不会对人们的健康造成影响，核电站周围20千米范围内居民已全部疏散，核电站附近海域如今也没有渔船作业。

3月30日下午，日本电力公司社长胜俣恒久在记者招待会上就福岛第一核

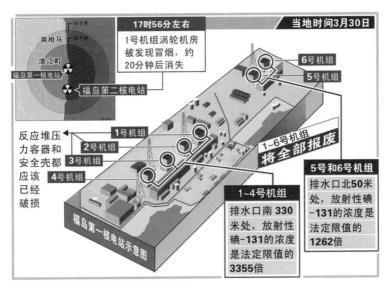

日本福岛核电站险情报告

电站事故向公众正式道歉，并宣布核电站1~4号机组已确定无法使用，将被废弃。

为解决核电站周边受灾居民的生活援助问题，东京电力公司将专门设置"福岛地域支援室"进行处理。针对因事故而受损的农作物赔偿问题，东京电力公司将在国家援助的同时，依据核能损害赔偿制度制定赔偿标准。

五、核泄漏事故后续影响

2011年3月24日，东京电力公司3名工作人员在放射性物质含量较高的水中作业时遭受过量辐射受伤。

3月25日，东京电力公司官员表示，福岛核电站事故处理可能长期化。东京电力公司原子能本部福岛事务所副所长小山广太当天对记者表示，由于此次福岛第一核电站事故非常复杂，很难确定事故何时才能处理完毕。公司现阶段主要任务是控制核物质泄漏，暂时无法给出今后1个月或半年的工作日程表，此次事故处理可能长期化。

据日本新闻网报道，日本原子能安全保安院25日表示，3号核反应堆的原子炉可能已经损坏，高温熔解的核燃料棒的放射性物质在炉芯的水中溶解，并且泄漏，导致反应堆建筑物内沉积的水的核放射物浓度超高。

3月26日，东京电力公司在3号反应堆里检测出浓度超过炉芯一万倍的放射量。这是迄今为止检测出的最高放射量。

3月27日新华网东京电，针对福岛第一核电站1~4号机组涡轮机房地下室出现的积水，日本原子能安全保安院27日消息说，其中1~3号机组积水已检测出超高浓度放射性物质，而2号机组积水放射性活度超标1000万倍。此外，检测还表明，核电站附近海水中放射物浓度正继续上升。

3月26日，中国国家环境保护部（国家核安全局）有关负责人介绍，环保部门设在黑龙江省饶河县、抚远县、虎林县的三个监测点的气溶胶样品中检测到了极微量的人工放射性核素碘-131，浓度分别为（0.83~4.5）×10Bq/m³、（0.68~6.8）×10Bq/m³、（0.69~6.9）×10Bq/m³，相应的国家标准（GB 18871—2002）规定限值为24.3Bq/m³。所检测出的放射性剂量值小于天然本底辐射剂量的十万分之一，仍在当地本底辐射水平涨落范围之内，不需要采取任何防护行动。

4月12日，日本原子能安全保安院根据国际核事件分级表将福岛核事故定为最高级7级。最新调查显示大地震造成日本农业损失超过8500亿日元。

据日本经济新闻调查，东日本大地震给岩手、宫城、福岛、茨城和千叶5个县的农业设施和农作物造成严重损害，损失超过8500亿日元，其中农业设施损失超过8100亿日元，农作物损失超过400亿日元。若核辐射继续泄漏，农作物损失将会继续扩大，农田若不能尽快修复，将不可避免地影响食品供应。

六、引发经济动荡和保险损失剧增

地震发生后，证券市场日元对美元汇率一度由82.70跌至83.20，而日经225在地震发生后曾经下跌1%。

3月14日，日本股市正常交易，开始交易前日本政府宣布注入15万亿日元以稳定市场，但最终日经指数仍以9620.49点收盘，跌破万点，跌幅达−633.94点。

3月15日，日本政府再注入5万亿日元，但还是无法止住跌幅，盘中还两度暂停交易30分钟，最终日经指数8605.15点收盘，跌幅−1015.34点，日股连续两天交易日跌幅也超过千点，全球其他各国股市也深受此影响。

美国风险分析业者AIRWorldwide表示，西太平洋9.0级强震或会致保险损失金额高达近350亿美元，成为史上代价最昂贵灾难，这还未计入海啸造成的损失。这项数额几乎等同2010年全球保险业的全世界整体灾损金额，或会迫使保险市场调高保费。

第二节　震灾救援及灾后重建

一、日本国内救援

地震发生后，日本政府迅速做出反应，当地时间11日下午2时50分，日本政府在首相菅直人的官邸危机管理中心设立官邸对策室，并发出指示让所有内阁成员到官邸集中，并指示防卫大臣北泽俊美派自卫队参与救灾活动。数小时以后，日本首相菅直人发表电视讲话，就救灾工作做出部署。日本政府发言人说，政府正在派遣自卫队前往地震灾区救援。防卫省也设立地震灾害对策本部，负责与受灾的日本各地进行联系，并下令在灾区的自卫队随时待命。

3月11日傍晚，日本政府在首相官邸召开了紧急灾害对策总部会议，包括菅直人在内的全体内阁成员悉数出席，会议决定日本的自卫队军舰和战斗机受命赶往灾区，参与搜救。此外，日本自卫队已派遣8000名救援人员展开救援行动。

日本共同社报道，所有停泊在横须贺港的自卫队军舰已受命前往宫城县。8架F-15型战机已从位于石川县和北海道的航空自卫队基地起飞，赴灾区核实受损情况。陆上自卫队派出几架搭载有视频传送仪器的直升机。

日本防卫省17日表示，陆上自卫队的两架直升机已开始向福岛第一核电站3号机组注水。报道指出，直升机这种作业一次注水量可达7.5吨。日本当局还计划派遣更多架直升机前往福岛核电站协助注水作业。同时，直升机也对福岛核电站上空的辐射量进行检测和监测。

二、国际救援及援助

中国国际救援队于3月13日下午抵达灾区展开救援工作。

中国国际救援队队员在当地时间13日抵达日本受灾严重的岩手县大船渡市，并于14日清晨7时从集合营地出发，与日本当地救援队一起展开搜救工作。中国国际救援队是地震发生后来到当地参与救援行动的第一支国际救援队。

中国国际救援队整装待发奔赴日本

中国国际救援队21日凌晨结束对日本地震海啸灾区的救援任务回到北京。作为第一支抵达和最后一支撤出灾区的外国救援队伍，中国国际救援队获得了当地政府和同行的高度评价。

加拿大政府派出一支由17人组成的救援队，并带有化学、生物、

放射性和核去污染装备。3月12
日，日本政府透露正在参加美韩
军演的隆纳·里根号航空母舰在1—
2日内即将奔赴受灾地区参与救援
工作，协助日本自卫队直升飞机加
油并为灾民提供相应的据点。时任
美国国务卿希拉里·克林顿宣布已
派出一支150人空军救援队载着冷
却剂参与救援"一个有危险的核电

中国国际救援队在日本重灾区开展救援工作

站"。16日，美国国际开发局向日本政府转交了585.6万美元援助款，里根号航
空母舰转运了3吨救援物资。17日，美国运输机冒险降落仙台机场，并修复该机
场，供运送物资的飞机起降。

韩国派出102人的救援队于3月14日抵达日本。3月24日，印度向日本派遣一
支由45名人员组成的搜救队伍。

德国派遣搜救队前往日本协助救灾。3月13日，法国向日本派出两支救援
队。3月17日，法国救援队因担心核辐射，放弃救援活动，退避至青森县三泽
市。同日，法国派出一架载有约100吨硼酸的包机前往日本，同时法国电力公司
派专业人员帮助日本控制核电站事故。

澳大利亚72人的震后救援队刚刚从新西兰地震灾区回国就整装出发于当地时
间12日晚间前往日本，利用嗅探犬展开搜救工作。3月16日，澳大利亚以及新西
兰空中救援人员在福岛核电站上空遭到核辐射，紧急迫降至福岛附近并被测试为
轻微辐射，这也是海外救援人员首次被证实遭到核辐射。正在地震灾后重建家园
的新西兰政府派出48名搜救队员奔赴日本参与救援，这也达到了该国紧急搜救人
员全部人数的三分之一。

此外，阿富汗、巴基斯坦、巴勒斯坦、吉尔吉斯斯坦、哈萨克斯坦、塔吉克
斯坦、土库曼斯坦、乌兹别克斯坦、孟加拉、柬埔寨、东帝汶、印度尼西亚、
老挝、马来西亚、马尔代夫、蒙古、阿联酋、约旦、阿曼、卡塔尔、伊拉克、科
威特、沙特阿拉伯、巴林、新加坡、土耳其、朝鲜、泰国、伊朗、秘鲁、哥伦比

亚、巴拉圭、玻利维亚、苏里南、萨尔瓦多、尼加拉瓜、巴拿马、洪都拉斯、危地马拉、伯利兹、哥斯达黎加、古巴、格林纳达、多米尼加、牙买加、智利、厄瓜多尔、乌拉圭、阿根廷等几十个国家和地区均给予了援助。

各国政要均向日本政府表达慰问并表达了进一步加大援助力度的意愿。

三、灾后重建

截至日本"3·11"大地震发生后的一年半，日本政府的灾后重建工作进展仍然缓慢，地震灾区约34.3万人过着避难生活，有13.6万户居民还住在临时住宅里。

震后3周年，也就是至2014年3月底，此次东日本大地震灾区只是刚完成2347户灾害公营住宅建设，仅为计划的9%。10.4万户居民仍不得不在临时住宅生活。受灾最严重的岩手、宫城、福岛3县临时住宅的入住率约84%。与阪神大地震时50%左右的入住率相比，东日本大地震的灾后重建进度明显滞后；与我国汶川大地震灾后重建相比，更是蜗牛速度。相同的大震巨灾，不同的社会基础（日本是发达国家，人均GDP高于中国），不同的社会制度，不同结果。事实胜于雄辩，两相比较，更加彰显社会主义制度的无比优越，有助于树立党的十八大提出的道路自信、理论自信和制度自信，有助于增强民族自信心和民族自豪感，有助于激发中华民族为实现民族伟大复兴的中国梦而努力奋斗的热情和激情。

由于日本政府重建住宅工作进展缓慢等因素，约26.7万人仍在往全国各地疏散。福岛核电站事故在处理放射性污水问题上困难重重，始终没有全面解决的迹象。灾后5年的"集中重建期"已过大半，但重建道路依然充满荆棘。

第三节　核泄漏引发的思考

此次地震引发海啸，导致巨大的人员伤亡和财产损失。灾后，人们可以在受灾的土地上重建家园，受灾的土地并没有减损它的价值和意义，可是一旦被放射性元素污染后，这片土地的价值和意义就在几十年、几百年，甚至更长时间内不复存在，还会持续带来灾难，成为人类文明发展史的梦魇。日本"3·11"地震发生后，全世界的注意力都被它吸引。尤其是核泄漏事件，已超过地震海啸的影响。

日本国民在震灾中表现良好，可以相信，在今后的重建过程中也会有良好的表现和坚忍不拔的精神。灾难进一步暴露了日本自然条件的恶劣，而战后日本以如此差的自然条件建设了世界第二经济大国，确实是创造了奇迹。但是，也反映了一个国家的发展，不可能过度超越自然条件提供给本国的发展空间的极限。恩格斯说过："我们不要过分陶醉于我们人类对自然的胜利。对于每一次这样的胜利，自然界都报复了我们。"

对自然的过度索取和"征服"难免遭到自然的惩罚。在20世纪六七十年代，日本为了追求经济高速增长，不顾本国地震频发的客观条件，通过引进英美的核电技术，在1967—1987年这20年之间建成了34座核反应堆，所需浓缩铀全部依赖从美国和法国进口，而对使用过的核燃料的再处理工作则依赖英国和法国，由于日本核电生产在其"入口"与"出口"方面基本依赖外国，以致日本的核电站被形容为"既无厨房又无厕所的公寓"，这说明从日本的国情看，日本如此迅速地发展核电事业有些过度。

福岛等核电站的建设和设计得到了美国的帮助和支持。但是，当福岛核电站出了问题的时候，却暴露了美国对日本的所谓"核保护"是有限度的，美国必须优先考虑美国军人和救援者的生命安全，保证他们免遭核辐射的威胁，这将可能促使日本从美国核保护的神话中走出来。

在日本这样一个地震多发的国家建设50多座核电站，需要有严密的管理体制和优秀的科技人才。然而，这次核事故也暴露了日本在核电站安全方面的管理体制的漏洞和优秀人才的不足，特别是东京电力公司作为日本九大电力公司之首，其经营层有不少是退休官员，作为垄断性的民营大企业依仗财大气粗、"(旧)官(现)官相护"，表现傲慢张扬，衙门作风很重。曾经多次发生事故而得以蒙混过关甚至隐瞒实情，还为了企业私利竟然要求将寿命设计为30年，已经超龄10年的福岛1号反应堆，申请再延长20年而居然获得批准。此外，日本的核电站事故问题也预示核电站工作的危险性广为人知，如何确保核电事业对优秀人才的吸引力，保证从事核电事业的科技人才和管理人才的质量（在日本已经有很多年轻人表示不愿意学核电专业），将可能成为世界各国发展核电事业的重要课题。

　　这次日本的核电站事故为全世界的核电事业提供了重要的教训、珍贵的教材。某种意义上也是以极大的财产损失为代价，为世界核电事业的今后发展做出了一份贡献，有利于核电事业，特别是核电安全事业的进一步发展和提高。能源是发展的粮食，发展任何能源都要付出代价甚至生命。核电也不例外，有专家估计，过去40年全球400多座核电站的人员伤亡少于煤矿、石油等传统能源行业，但每次核事故引起的恐慌都十分大，一如空难事件死亡人数比其他任何类型交通事故死亡人数都少，但每次空难发生后都令人震惊。当然，我们应该从这次福岛核电站事故中认真吸取教训，以便为我国今后的核电事业发展少付出一些代价和牺牲。

　　这次核事故反映了国家安全问题的多元化。核电站安全是从国家能源安全衍生出来的一个安全课题，然而却不是"次级国家安全"问题，而是"顶级国家安全问题"，既包括由于自然灾害导致的核电站安全问题，又包括防止外来攻击导致的核电站安全问题（包括恐怖分子窃取放射性物质或使用常规武器攻击核电站），总之，核电安全就是国家安全。联想到袁隆平所说的"粮食安全是头等大事"，说明一个国家必须正视多重的安全问题，它们与军事安全的关系既相对独立又互相联系。为此，需要研究一个与军事安全相互联系、协调的综合的国家安全战略，既包括传统安全又包括非传统安全，既包括对外安全又包括对内安全。这次日本的核灾难典型地说明了"堡垒往往是首先从内部攻破的"道理，因为在大地震发生之前，日本的领导人只顾应对所谓"中国军事威胁"而忙于调兵遣将，却对福岛核电站因为地震发生事故、隐瞒事故的问题置若罔闻，这反映了它们的安全观出了问题，没有形成能够真正从广大国民的利益出发的安全观。

参 考 文 献

安徽省地震局. 中外典型震害. 北京: 地震出版社, 1996.

陈非比. 悲壮的历程——唐山地震30年写给云年. 北京: 地震出版社, 2006.

邓莎. 唐山大地震的历史查考与救灾启示. 中国减灾, 2012.2(上), 174: 42~43.

韩渭宾. 印尼苏门答腊西8.7级地震的几个特点及由其引发的一些思考. 四川地
    震. 2005, 1:1~6.

韩渭宾, 蒋国芳. 印尼苏门答腊M_W9.0地震对全球及中国大陆地震趋势影响研究的
    反思. 四川地震. 2007, 4: 1~4.

河北省地震局. 1966年邢台地震. 北京: 地震出版社, 1986.

李善邦. 中国地震. 北京: 地震出版社, 1981.

林萍. 日本的地震预警启示. 消防与生活, 2013, 5: 22~23.

马宗晋等. 1966~1976年中国九大地震. 北京: 地震出版社, 1982.

马宗晋, 叶洪. 2004年12月26日苏门答腊——安达曼大地震构造特征及地震海啸
    灾害. 地学前缘, 2005, 12(1): 281~287.

彭忠伟. 日本海域9.0级地震的深刻启示与防灾减灾对策. 2011, 23(3): 63~66.

钱钢. 唐山大地震. 香港: 香港中华书局, 2004.

S.Stein. E.A.Okal.赵京凤, 尚丹译. 万永革校, 郑需要复校. 2004年苏门答腊地震
    及印度洋海啸——实情与成因. 世界地震译丛, 2006, 5:1~9.

苏幼坡. 唐山大地震震害分布研究. 地震工程与工程振动, 2006, 26(3): 18~21.

T.Lay, H.Kanamori, C.J.Ammon et. al..石玉涛译, 黄福明校. 2004年12月26日苏门
    答腊—安达曼特大地震, 世界地震译丛, 2005, 6:5~14.

谭毅. 唐山大地震的灾后恢复重建内容和经验. 城市与减灾, 2009, 2: 6~7.

王兰军. 借鉴丽江经验搞好汶川大地震的灾后重建. 中国金融, 2008, 16: 56.

王林，伍奇．鲁甸七昼夜——云南鲁甸抗震救灾纪实．昆明：云南大学出版社
2014．

王新洋，阮爱国，吴振利，等．苏门答腊海域海啸地震及地壳深部结构．灾害学．
2004，1:207~213．

王优龙．减灾趣闻启示录．北京：地震出版社，1994．

卫一清，丁国瑜．当代中国的地震事业．北京：当代中国出版社，1993．

魏娅玲，蔡一川．印尼苏门答腊巨大地震活动特征．四川地震，2008，2:12~16．

修济刚．地震现场纪实．北京：地震出版社，2015．

云南省地震局．一九九六年丽江地震．北京：地震出版社，1998．

张肇诚．中国震例（1966~1975）．北京：地震出版社，1988．

赵俊，霍良安．新媒体影响下的微机信息传播问题研究——以雅安地震为例．上
海科学管理，2013，4: 85~89．

中国档案报．2012年7月27日，总第2337期，第三版．

朱凤鸣等．1975年海城地震．北京：地震出版社，1982．